SHANGHAIJIAOYUCONGSHU
上海教育丛书

白玉兰的种子

——上海市青少年科技创新人才培养

陆晔/编著

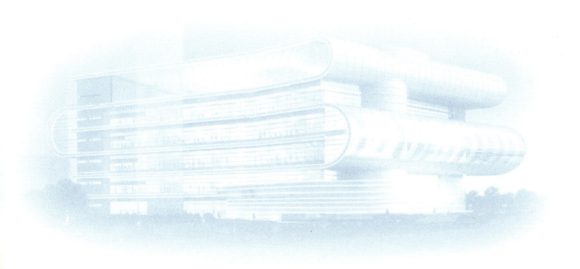

上海教育出版社
SHANGHAI EDUCATIONAL
PUBLISHING HOUSE

本书编写组

主　　编　陆　晔

参编人员　沈玉婷　曹晓清　亢　乐　田睿芳

　　　　　　邵红霞　赵云龙　张　伟　左文文

　　　　　　虞慧娴　马为民　李　赣　陈中山

　　　　　　胡丹英

总　序

　　建设一流城市，需要一流教育。办好教育，最根本的是要建设好教师队伍和学校管理干部队伍。

　　在长期的教育实践中，上海市涌现了一大批长期耕耘在教育第一线呕心沥血、努力探索，积累了丰富经验的优秀教师；涌现了一批领导学校卓有成效、有思想、有作为的优秀教育管理工作者。广大优秀教育工作者教育教学和管理工作的经验，凝聚着他们辛勤劳动的心血乃至毕生精力。为了帮助他们在立德、立业的基础上立言，确立他们的学术地位，使他们的经验能成为社会的共同财富，1994年上海市领导决定，委托教育部门负责整理这些经验。为此，上海市教育局、上海市中小学幼儿教师奖励基金会组织成立《上海教育丛书》编辑委员会，并由吕型伟同志任主编，自当年起出版《上海教育丛书》（以下简称《丛书》）。1995年上海市教育委员会成立后，要求继续做好《丛书》的编辑出版工作。2008年初，经上海市教育委员会领导同意，调整和充实了《丛书》编委会，并确定夏秀蓉同志任执行主编，协助主编工作。2014年底，经上海市教育委员会领导同意，调整和充实了《丛书》编委会，确定尹后庆同志担任主编。《丛书》的内容涵盖了基础教育和中等职业教育的各个方面，包含有较高理论水平和学术价值的著作，涉及中小学教育、学前教育、师范教育、职业教育、校外教育和特殊教育，以及学校的领导管理与团队工作，还有弘扬祖国优秀文化、促进国际教育交流等方面的著作，体现了上海市中小学教育改革与发展的轨迹，体现了上海市中小学教育办学的水平与质量，体现了优秀教师和教育工作者的先进教育思想与丰富的实践经验。《丛书》出版后，受到广大教师、教育工作者及社会的欢迎。

　　为进一步搞好《丛书》的出版、宣传和推广工作，对今后继续出版的《丛书》，我们将结合上海教育进入优质均衡、转型发展新时期的特点,更加注重反映教育改革前沿的生动实践,更加注重典型性、实用性和可读性。希望《丛书》反映的教育思想、理念和观点能起到抛砖引玉的作用,引发大家的思考、议论和争鸣;更希望在超前理念、先进思想的统领下创造出的扎实行动和鲜活经验,能引领当前的教育教学改革工作,使《丛书》成为记录上海教育改革历程和成果的历史篇章,成为广大教师和教育工作者的良师益友。限于我们的认识和水平,《丛书》会有疏漏和不尽如人意之处,诚恳地希望广大读者提出宝贵意见,帮助我们共同把《丛书》编好。

《上海教育丛书》编委会

序

在全面推进教育现代化、建设具有全球影响力的科技创新中心的关键时期，我们欣喜地看到上海市青少年科学创新实践工作站结出累累硕果。本书的出版，不仅是对过往奋斗的总结，更是对未来征程的展望。对此，我深感自豪，也满怀期待。

科技创新是民族进步的灵魂，是国家发展的不竭动力。上海作为改革开放的前沿阵地，始终肩负着为国家育才、为城市蓄能、为未来奠基的使命。2016年，在市教委和市科委的支持与指导下，一个独具上海特色的科技创新后备人才培养平台——上海市青少年科学创新实践工作站应运而生。

在这里，青少年们走出课堂，走进实验室，将书本知识转化为探索未知的钥匙；在这里，院士专家俯身指导，企业机构协同助力，为孩子们的奇思妙想插上腾飞的翅膀；在这里，一个个充满青春热忱的科研项目，从稚嫩的设想到成熟的成果，见证着科学素养的拔节生长。

多年来，工作站以敢为人先的创新精神、强国有我的责任担当，聚合高等院校、科研院所、高新技术企业等优质教育资源，形成跨体制、跨领域、跨学段的人才培养联合体，培养了一大批具有创新潜质和实践能力的优秀人才。他们宛如白玉兰的种子，在科技的沃土中生根发芽，茁壮成长。工作站取得的成果，不仅是知识积累，更是创新生态的缩影——当教育真正尊重个性、鼓励试错、包容失败时，创造的种子便会在沃土中蓬勃生长。

　　这些成绩的取得，离不开社会各界的鼎力支持。我们要向奋战在科教一线的导师们致敬，是你们用智慧的光芒照亮了学生求知的道路；要向提供实践资源的高校、科研院所和企业致谢，是你们搭建了知行合一的成长阶梯；更要向所有勇于追梦的青少年致意，是你们用好奇心与行动力诠释了"少年强则国强"的深刻内涵。

　　党的十八大以来，党中央将科技创新摆在国家发展全局的核心位置。站在新的历史方位，上海教育将始终秉持"为创新而教，为未来而育"的理念，以三个"更"持续发力：更深层次推进育人方式变革，让创新素养培育贯穿教育全过程；更广维度构建协同育人网络，打造"没有围墙的创新实验室"；更高标准完善激励机制，让每一个奇思妙想都有绽放的舞台。

　　最后，衷心希望《白玉兰的种子》一书能够为更多教育工作者和青少年提供启发与借鉴。让我们一起通过本书，探讨如何适应不断变化的科技趋势，如何满足青少年的多样化成长需求，以及如何构建更加开放和包容的科创教育环境。愿每一位青少年都能在建设科技强国的征程中勇敢追梦，绽放属于自己的光芒！愿上海市青少年科创教育事业在人工智能时代再创辉煌，为国家和人类的未来播撒更多希望的种子！未来，永远在敢为人先的探索者手中！

王浩
上海市教育委员会副主任

目录

第一章
绪论

在当下这个飞速发展的时代，科技力量已成为推动社会进步的核心引擎，创新精神是时代发展的迫切需求。我们翘首以盼科学巨匠的涌现。而将科学的种子播撒在青少年的心田里，正是这个时代赋予我们的神圣使命。

白玉兰的种子

——上海市青少年科技创新人才培养

为科创育苗

2014 年 5 月,习近平总书记在上海考察时强调:"上海要努力在推进科技创新、实施创新驱动发展战略方面走在全国前头、走在世界前列,加快向具有全球影响力的科技创新中心进军。"这是习近平总书记关于科技创新重要论述的组成部分,为上海落实"四个放在"、高质量推进科技创新工作确定了明确的行动纲领。

从 2015 年至 2020 年,上海市委、市政府先后出台了《关于加快建设具有全球影响力的科技创新中心的意见》(简称上海科创"22 条")和《关于进一步深化科技体制机制改革 增强科技创新中心策源能力的意见》(简称上海科改"25条")等系列文件。这些政策"组合拳",为科技创新后备人才的孕育提供了丰沃土壤和完备要素,构建起涵盖教育资源、科研平台、政策扶持等多维度的多元供给体系,为在青少年心中播撒科学种子、培育科技创新新生力量筑牢了坚实根基。

十年树木,百年树人。2017 年 12 月 15 日,《上海市城市总体规划(2017—2035 年)》获得国务院批复原则同意。"科创中心"这一着眼未来、立足全局的关键规划,为上海的城市功能定位注入全新活力,成为推动城市能级提升的关键增长极。这不仅让上海在全球城市竞争格局中占据科技与创新的前沿阵地,更为科技创新后备人才的成长铺就了广阔舞台,从城市发展战略层面为培育科技创新新生力量提供了源源不断的动力与支撑。

布　局

谋定而后动。国家战略与教育实践在"以人民为中心"的发展征程上终会完美契合。经过近两年的谋划和酝酿,2016 年,上海市青少年科学创新实践工作站(以下简称"工作站")正式成立。这是基于教育、科技、人才三位一体的重新认知,是上海市教育委员会和上海市科学技术委员会的一次联手合作。从其诞生之日起,就成为上海科创教育整体架构中的创新一环。

欲流之远者,必浚其泉源。1956 年 6 月 1 日,上海市少年科学技术指导站(以下简称"少科站")创建,这是当时全国最早成立的校外科技教育单位之一,它承担起了上海科创教育的重要任务。20 世纪 80 年代,正逢改革的春风,上海市中小学先后开设了科技选修课程、科技研究型课程、科技创新实验课程等。少科站与全市中小学、各区少科站和各类科技场馆协同推进,初步形成了上海市科创教育体系。2003 年,上海市推出百万青少年争创"明日科技之星"竞赛项目,成为科创教育体系中机制建设的重要内容;2004 年,成立上海市青少年科学研究院;2008 年 4 月,少科站立足多年积累,吸纳优秀的艺术资源,整合成立了上海市科技艺术教育中心(以下简称"科艺中心"),逐步形成了集全市青少年德育、科技、艺术、体育、卫生于一体的课外校外活动管理、指导、协调和服务的新体制。

时间丰厚了科艺中心的积淀,提升了校外教育工作者的职责与使命。2016 年,为了响应习近平总书记的上海讲话,促进学生将学科知识用于解决真实情境中的问题,深度推动高中育人方式变革,在上海市教委和上海市科委的指导下,以科艺中心为母体,组建了上海市青少年科学创新实践工作站总站,负责全市工作站的顶层设计、学生招募、教学管理、质量评估等具体工作。

站在 2025 年的时间点回望,科艺中心的转型改革与工作站的探索发展始终相互成就。通过持续的优化和完善,工作站不仅建成了 2 个市级总站,并在全市 16 个区均衡配置了工作站和实践点,还在科研元素富集区域设立了诸如复旦大学计算机科学与技术、上海交通大学网络空间安全、同济大学物理科学与工程、华东师范大学地理科学、中国科学院上海天文台天文学等工作站点。据统计,在总的 37 个工作站和 148 个实践点中,领衔院士 21 位,参与导师 3000 多名,开发课程 37 个大类,小课题研究 4488 项……

就这样,一个遍及全市各区,体系日臻完善,充满创新活力的网格化、渗透型、公益性、具有国际一流水准的科创教育格局已然成型。

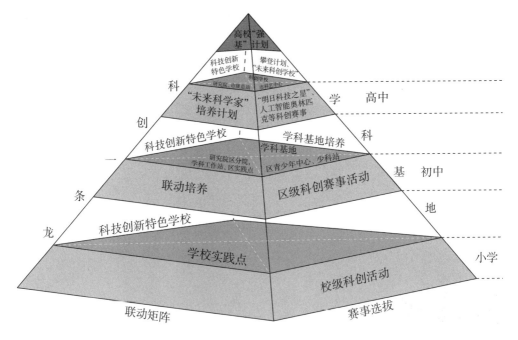

图 1-1　多主体协同的科创教育体系

择　才

养子弟如养芝兰，既积学以培植之，又积善以滋润之。择才育苗绝非简单"聚天下英才以教之"，而是在科普事业蓬勃发展、教育公平得到一定程度保障之后，引导激励有科创兴趣、钻研精神、坚韧毅力的青少年继续攀登科学的高峰。科创人才的早期培养历来是一个世界性难题，因此建站初期，工作站倾注了大量心力，致力于科创人才早期发现和遴选机制的研究。

2009 年，上海开展了普通高中学生创新素养培育实验项目。2016 年，借着工作站的成立，上海重启了新一轮科技创新拔尖人才的早期选育工作。何谓拔尖创新人才？这一概念的内涵在学界也经历了一个随着历史演进而不断发展的过程。从最初只关注智力水平到多元智能理论中强调"领域性创新能力"，再到系统建构论中强调既要有"中等平均水平的智力"，也要有"创造力和持久专注、责任心的结构",最后到现在更关注"教育对每个学生所拥有的创新能力的培育"。在这个历史演进过程中,上海把创新人才和拔尖创新人才的特征界定为:在基础学科或科技创新领域,具备拔尖的创造力和科创潜能,拥有强烈的智趣、持久的专注力和责任心。同时,强调通识教育对人才培养的基础性作用,尤其注重从中学阶段开始就有意识地进行人才识别和培养。

经过多年的实践和摸索,工作站尊重教育规律,结合优质教育资源的有限性,每年招收约 4000 名高一学生,其中约 80% 为推荐生,自荐生比例不少于20%。同时,名额按一定比例分配到全市各区的工作站和实践点,确保全市几乎所有高中学校都能实现全覆盖。需要特别指出的是,自荐生申报通道面向所有高一学生开放,只要对某些学科领域的科学研究感兴趣就可以报名参加,符合基本要求者将实时录取。

育　苗

上海市教育学会会长尹后庆提出:科创教育是科学教育,但是科创教育不是科学教育的全部。科学教育有两种:一种是比较抽象的思辨性的教学,如物理、化学;另一种是技术、工程和艺术。我们应当对这两种教育加以区分。青少年教育的知识融会贯通,要通过学习和实践激发学习者的兴趣,增强与深化对知识的理解,同时完善综合知识结构,强化培养综合思维方式。对于科创教育,我们不能单学科地严格界定,而是要重视理论知识学习的方式,使之成为重实践的跨学科整合的行动式学习。

重实践的跨学科整合的行动式学习,是青少年科创教育的基调,同时也是工作站的理论基础。工作站的行动逻辑,就是要把科学、技术、工程、艺术、数学整合到一个教育模式中,把零碎的知识融汇成相互联系的统一整体。这个统一整体是面对问题、解决问题的,知识体系和能力架构是趋于能力和知识交融的行动式学习。"行动式学习"这个概念非常重要,是科创教育的一个重要特点,即提出问题,分析问题,用技术去解决问题。无论用前沿技术还是传统技术,最终目的是要培养学生用独特的思维方式和适切的技术手段解决问题。如果在解决问题的过程中需要开展团队合作,则需要诸如领导力、开拓力和实践力的整合与统一。

那么,如何将这些原则、研究方式和学习进程在短短一年的时间里真真切切地带给学生,让学生习得并影响他们的未来?

工作站是一个顶层设计的创新策源,是一项科教融合的机制改革,也是一种育人模式的创新探索。基于工作站运行以来的数据梳理,我们加强定性研究,选取部分高校、校外教育单位及高中学校的代表单位进行案例分析,由点及面开展定量研究,进而探讨青少年科创拔尖人才培养的有效方式。可以归纳出以下四点比较有代表性的经验。

其一,力求创建一个能让具有科学兴趣和创新潜质的高中生"在科学家身边成长,像科学家一样思考"的新平台。自成立以来,工作站努力从培养机制、培养模式、评价制度三个层面探索青少年科创拔尖人才培养的有效路径,在拔尖创新人才培养与高中深化课程改革经验融合方面取得了令人瞩目的成绩,成为协同多元力量和社会资源助力青少年拔尖人才培养的新高地。几年来,工作站"上下联通""左右逢源",推动了一批高新技术企业和园区、高校和科研院所向普通学校开放,传播前沿科技信息和成果,并以基地为平台开展研究性学习活动。同时,发挥上海人才集聚优势,组织上海同步辐射光源、北斗导航基地、C919大飞机等尖端科技领域的科研人员带领青少年走进这些大国重器场所开展学习研究。潜移默化,日滋夜长,这一个个真实的场景在他们的心田萌发科创的幼苗,激荡科创的力量。

下面是一个关于金银花蒸煮效能的实践探索案例,从中可以窥见基于工作站平台的学习样态。

金银花是一味常见的中药材,被誉为"清热解毒的良药"。然而,关于如何通过煎煮最大化发挥其药效,古籍中却鲜有记载。这引起了马婧雯的极大好奇。为了解开金银花煎煮之谜,她查阅了大量关于金银花的文献资料,深入了解其化学成分和药理作用。她发现,是一种叫绿原酸的成分发挥了清热解毒的作用。那么,不同的煎煮方式是否会影响绿原酸的含量,继而影响药物疗效呢?

她先设计了一系列小问题,如煎煮的详细步骤、影响药效的关键因素等,然后在导师的指导下巧妙地运用正交实验法(一种高效、快速的多因素实验设计方法,即利用正交表来安排实验,通过较少的实验次数获取较为全面的信息,进而分析各因素对实验指标的影响)和紫外分光光度计等先进技术,准确测量了绿原酸的浓度。这不仅减少了实验次数,还提高了研究效率。在实验室里,她度过了无数个日日夜夜,一遍遍地调整实验参数,一次次地观察实验结果。最终,她发现不同的煎煮方式对金银花中绿原酸的含量有着显著的影响。通过优化煎煮方式,可以显著提高金银花的药效。这一发现不仅填补了古籍中关于金银花煎煮方式的空白,也为中医药的现代化研究提供了新的思路和方法。

其二,实现项目式学习方式的全覆盖。无论是哪个专业方向和专业性质,采用最具科学家思维方式的项目化学习模式,都是进行科创人才培育的主要方式。例如,通过小课题确立研究方向,分析假设性问题,收集相关证据,开展实验反复验证,展示研究成果,这一过程能充分激发学生的热情。有一次,学生们走进实验室,在大学教授的指导下开展"太空种子"的育苗实验。在随后的春耕节活动中,他们把亲手培育出来的"太空种子"苗移栽到校内外的种植实践基地,继续开展种植实践活动。在活动中,学生们通过观察和数据记录,亲历种子的生根、发芽和成长过程,不仅学习了植物生长的基本知识,还了解并探究了经过太空辐射后种子成长的神奇变化。

刘嘉阳,这位来自上海交通大学附属中学嘉定分校的工作站学员,在结业小结中这样写道:

中国科学院上海光学精密机械研究所物理学实践工作站的实践活动,让我首次接触到光纤这一神奇的材料。光纤不仅用于网络通信,还能在物理信息感知领域发挥巨大作用。在利用光纤解决"停车难"问题的过程中,我学习了光纤光栅的结构和工作原理,并亲手制作了光纤光栅应变传感器和光纤光栅分析仪。我还尝试将传感器安装在模拟车位上,通过改变施加在车位上的力的大小来模拟车辆的停放和离开……这些经历让我真正理解了科学研究的意义和价值,也让我从此迷上了科创这一神奇的领域。

其三,鼓励高中生参加科创类竞赛,激发强劲动能。青少年朝气蓬勃、争强好胜,竞赛活动不仅能使他们体验过程、锻炼技能、收获荣誉,还有可能激发他们内在的潜能,影响他们的志趣,甚至影响他们一生的职业规划。在上海和全国范围内,面向中学生的科创赛事众多,以下列举一些重要的赛事。

(1)上海市百万青少年争创"明日科技之星"活动。该赛事以选拔品学兼优、具有科学家潜质的青少年为目标,是目前上海市级别最高的青少年科技创新类赛事之一。评选活动覆盖小学、初中、高中、大学,被称为"上海市孕育青少年科创后备人才的摇篮"。2018 年起,延伸举办了"明日科技之星"国际邀请赛,成为具有国际影响力的科技教育优质品牌。

(2)长三角青少年人工智能奥林匹克挑战赛。该赛事旨在推动青少年人工智能教育的普及和发展。活动提供以真实场景、身边问题、赋能应用、创新实践为特色的人工智能赋能教育资源平台,推出涵盖从小学到高中的 AI 基础、算法编程、自主控制、视觉和声音识别、赋能应用场景五大系列,有 1700 多课时的人工智能课程可供学生学习。

(3)上海未来工程师大赛。该赛事始终坚持以富有挑战性的工程问题引导青少年学生像工程师一样学习、思考、开展工程实践活动,促使他们在解决工程问题的实践中,理解工程概念、体验工程思维、激发创造能力、树立团队意识、增强社会责任感。目前已成为学科跨界、知识融合、实践为主、创新为魂的综合性大型青少年工程技术的学习实践场和能力展示台,是学生喜欢、教育界及社会交口赞誉的品牌项目。

(4)上海模型节。该活动整合传统的航空、航天、航海、车辆和建筑模型赛事,满足不同模型爱好者的需求。融科技竞技、体验展示、交流互动为一体,是前沿的科技展示和激烈的模型竞赛。从传统模型活动发展为综合性科技盛会,上海模型节展现了一场场精彩的嘉年华,碰擦出闪亮的科技火花,也培养了一批批追梦的科创少年。其影响已深入全市千余所中小学校,吸引了超过百万的青少年及模型爱好者参与,并辐射到长三角地区乃至全国。

其四,为每位学生绘制科创实践数字画像。工作站依托数字化平台,对学生的成长轨迹进行全程记录和持续跟踪。一方面,为学生提供探究经历的数字档案袋:学生在工作站的成长轨迹得到了完整记录和动态跟踪,学生的成绩、失败及探索的过程被悉数存储。这份数字档案袋不仅有助于实现对学生的精准评价,也有助于学生完成自我认定。另一方面,学生用文字记录下自己的学习经历、学习体会,特别是对未来的遐想、对职业的规划。日积月累,一幅幅立体化的科创实践数字画像便呈现在学生面前。应该说,借助信息化技术的发展,上海的科创教育不断实现规模化、个性化与特色化的融合。这些极具个性的科创特征描绘,不仅记录了学生的成长历程,还因为已被纳入高中生综合素质评价体系,进而成为高考招生"两依据、一参考"序列的一部分,使学生的科创学习自觉性大大增强。

更为重要的是,海量的数字画像汇聚成上海科创教育的数据基座,对持续优化青少年科创拔尖人才培养路径和方式具有重要的研究价值。通过对相关学生的后续跟踪调研形成研究报告,我们得以不断总结拔尖创新人才培养体系的优势与不足,为体系的迭代更新提供前瞻性支持,为学校持续推进各项育人工作提供有力证据,为未来开展相关领域文献计量研究提供基础数据,更为未来探索中国式科创培养体系提供实证性和话语权。

不难发现,基于工作站多年的探索、积累和研究,这些实践经验与当下学界热议的话题高度契合,如大科学时代的教育重构、学业情绪在学生自主学习与成就中的作用等。"实践出真知"这一朴素哲理再次焕发出时代光彩。通过学习平台的建设、研究模式的革新以及配套政策的出台,上海市青少年科创"育苗"工程逐渐展现出蓬勃的生机与欣欣向荣的景象。当然,其中涉及的活力机制、流程再造、课程研发、师资培育、成果孵化等诸多方面都将在本书中一一呈现。

展　望

全国政协委员、上海科技馆馆长倪闽景在观察总结科创人才成长规律时指出,作为重中之重的青少年科学教育,其高质量发展有三个共识。一是学生科学兴趣和能力的养成有赖于"童子功"。如果一个学生在高中毕业前没有形成科学学习的基本能力,将很难在以后的学习生涯中形成科学探究能力。二是科技素养培育需要手脑并用。必须加大实验和实践的力度,让学生在做中学、在创中学,改变以讲故事、看实验、做习题为主的科学教育方式。三是思维多样化是创新的本质。多样化需要给青少年更多机会、更大空间、更多碰撞,因此科学教育需要全社会共同支持。

2024 年 11 月 4 日,科学技术普及法修订草案首次提请全国人大常委会会议审议。这是自 2002 年公布施行以来科学技术普及法的首次修订。《中华人民共和国科学技术普及法(2024 年修订)》中明确提出"科普是国家创新体系的重要组成部分"。

根据相关统计,我国公民具备科学素质的比例从 2001 年的 1.44％提升至 2023 年的 14.14％,全球创新指数排名从 2012 年的第 34 位上升至 2024 年的第 11 位。与此同时,我国青少年科学教育也取得了巨大成就。在国际学生评价项目(如 PISA 测试)中,我国东部地区学生的科学素质和能力表现优异,位列世界前茅。基础教育阶段的科学课程改革不断深化,倡导启发式、探究式、开放式教学。然而,当下和未来的科创教育仍面临诸多重要研究课题:如何完善初高中阶段包括科学、数学、物理、化学、生物学、通用技术、信息技术等学科在内的学业水平考试和综合素质评价制度? 如何加强农村地区学校科学教育基础设施建设和配备,加大科学教育资源向农村等边远地区的倾斜力度? 如何进一步推进信息技术与科学教育深度融合,推行场景式、体验式、沉浸式学习?

就上海的青少年科创教育而言,如何借助工作站以及优质的课外、校外教育资源,促进课内、校内科学教育改革,仍有许多工作要做。

一是完善以点带面的辐射链条。围绕新一轮高校学科布局建设,优化人才供给体系。科创教育具有长周期培养的特点。工作站目前的招收对象主要是高中生。经过多年的前期机制探索、经验积累和师资准备,可考虑辐射到初中阶段,试点小学阶段,尊重学生身心特点和教育规律,通过多方主体制定拔尖人才前置培养方案,打通学科链、学段链和学校链。

二是加强内外融合的协同机制。新一轮新课程新教材的改革具有以下特点：增加体现时代性的新科技知识；增加科学课程的综合性和实践性；强调以问题发现和探究为核心，通过学科实践和综合实践活动提高学生解决问题的能力。这为校内外科学教育紧密结合创造了机遇。强教必先强师，工作站将加速提升科学教师的专业能力，提升教师的科学素养，引导教师理解和把握"双新"改革方向，真正实现教学方式从重"解题"向重"解决问题"的转变。特别是在"人工智能＋教育"迅猛发展的背景下，要引导科学教育工作者更加关注学习的品质，加深对系统与平衡、规模与层次、守恒与演变、结构与功能、模块与控制、多样与统一等科学大概念的深度理解，构建校内外融合共生的协同育人机制。

三是建立全社会共同发力的科创教育大环境。首先，校外、课外的自主时间对青少年的身心发展与人格养成具有重要意义。超越对分数和升学的"内卷"，真正减去过重的作业负担和过度且不必要的重复训练，让学生能够从容自信地在自己喜欢的领域里发展特长，需要全社会达成共识。其次，在保证学生的自主时间之外，科研院所与热心公益的优质企业应携手为青少年搭建更开阔的科学教育空间。城市能级发展需要打通人才链、创新链与产业链，需要更多的高校实验室、研究机构、高科技企业进一步有序向青少年开放。同时，要逐渐建立针对这些机构的激励机制，让更多科研人员志愿开展相关领域最新科技的科普活动，组建科学家志愿者队伍，开展科普进校园、馆校合作等活动项目，促成科创教育资源与中小学校的深度对接，实现以后备人才为代表的培养需求方与以高校社企为代表的资源供给侧的双向奔赴。孕育人才不仅需要土壤、种子，更需要环境，只有形成社会合力，才能造就一个教育治理科学、供需动态平衡、人才流动合理、科技成果璀璨的教育生态。

多年探索，初见花叶萌发；展望未来，期盼枝干遒劲。工作站一直在形塑范例，探寻拔尖创新人才培养之道；更在寻找例外，科学的种子绝不是千人一面，而应是百花齐放，各有其美。依托举国体制的制度优势，借助上海人才集聚与产业领先的先发优势，工作站将继续奋发有为，跨越时代的门槛，锚定 2035 年建成科技强国的目标，交出一份精彩的答卷！

第二章
逐步成型的新生态

科技创新教育是世界各国的战略焦点。由于国别不同、文化不同、制度不同，科创教育在全球范围内呈现出百花齐放、各具特色的繁荣景象。上海市青少年科学创新实践工作站以其独特的定位与功能，成为科创教育领域的一朵奇葩，为上海科创教育注入了强劲动力，并在培育本土科技创新后备人才的过程中扮演着不可或缺的角色。

白玉兰的种子

——上海市青少年科技创新人才培养

工作站最简史

一、随时代共发展的科技人才摇篮

上海市科技艺术教育中心（上海市学生活动管理中心）（以下简称"中心"）是上海市教育委员会直属事业单位，前身为上海市青少年科技教育中心（原市少科站）和上海市艺术教育中心，是全国最早成立的校外科技教育机构之一。

中心始终坚持"办人民满意的校外教育，办学生喜欢的校外活动"的办学理念，构建了集青少年科技教育、艺术教育、体育、健康教育及教师培训于一体的"五育"融合育人体系。

中心常态化开展面向学生综合素养提升的各类素质教育活动项目逾百项，如上海国际青少年科技博览会（现已更名为上海国际青少年科技创新挑战营暨"明日科技之星"国际邀请赛，简称"青创营"）、百万青少年争创"明日科技之星"评选活动、长三角青少年人工智能奥林匹克挑战赛、上海市青少年科技节、上海市学生艺术单项比赛、中国（上海）国际青少年校园足球邀请赛等品牌赛事；为创新拔尖人才搭建各类培养平台，如上海市青少年科学研究院、上海市青少年工程院、上海市青少年科学创新实践工作站、上海市青少年创意设计院、上海学生交响乐团等，长期探索服务于青少年个性化成长发展需求的多元化培养路径。

中心坚持"五育"融合，培育核心素养，适应多样需求，探索育人规律，已成为面向全市青少年的育人基地。同时，中心汇聚教育资源，协调社会力量，是提供优质教育服务的枢纽。

近 70 年来，上海的校外教育人身负历史使命，守正育人初心，不断与时俱进,努力为全国同行提供植根于上海城市精神与城市品格的行动案例,将更开放、更协同、更优质的校外教育带给青少年。

风雨兼程,不忘初心。优质发展是中心一路走来的生动写照。每一次改革创新与发展,都彰显了上级领导对上海市青少年素质教育的深切关注,同时也是上海市青少年科技创新教育发展的生动缩影。

1956 年 6 月,上海市少年科学技术指导站(简称"市少科站")成立,是全国较早成立的校外科技教育单位之一。

1957 年,试办少年科技家俱乐部,设有电影场、少年电话局、航空模型室等,并于 6 月 1 日举行开幕活动。科学家郭沫若题词:"要成为一个科学家,从小时起就养成良好的研究习惯是十分必要的……"

1958 年,开展上海市业余无线电报务选拔测试,组建上海市无线电报务运动队。

1959 年,组织上海市青少年学生气象比赛,在暑假期间积极开展科技活动并送到区县,以便少年儿童就近活动。

1960 年,举办"勤俭节约开展科技活动"展览会,在科技活动中贯彻因地制宜、土洋结合、勤俭节约的精神。

1961 年,举行"千人少年科学技术爱好者庆贺苏联载人宇宙飞船上天"集会,学习加加林勇敢顽强的精神和革命气概。暑假期间,举办上海市少年科技爱好者暑期俱乐部。

1962 年,举办"小型多样科技活动"招待日,向上海市科技学生骨干介绍 70余种科技制作和科技游戏。

1963 年,举办暑期科技半日活动、天文爱好者晚会及"热爱科学,破除迷信"展览会。

1964 年,举办少年科技一日夏令营、少年昆虫爱好者夏令营,丰富少年儿童的生活。

1965 年,举办暑期少年科技俱乐部,到上海市郊进行巡回辅导和示范,丰富农村少年儿童的暑期生活。

1966—1977 年,因"文化大革命",市少科站被迫停办。

1978 年 8 月,经上海市教育局批准,同意恢复上海市少年科学技术指导站。

1979 年,举办首届上海市青少年科学讨论会,从中选取优秀报告参加全国青少年科学讨论会和上海市科学讨论会。自此,科学讨论会成为上海市青少年每年一届的重大科技活动之一。

1980 年,组织力量编写中学各单项科技活动大纲并正式出版《小学科技活动课教学大纲》和《小学科技活动课教学参议资料》。

1981 年,上海市教育局颁布《关于办好市、区(县)中小学科技指导站的几点意见》,明确"少科站是在市、区(县)教育局直接领导下,指导中小学开展科技活动的校外教育机构,市站对区(县)站有业务指导关系",并指出少科站的工作任务和目标。

1983 年,市少科站继续加强郊县农村青少年科技活动,提出以农村为突破口,加强中小学科技教育,并于 10 月中旬召开郊县青少年科技活动工作会议。同年,正式创办《上海青少年科技报》,上海市 22 个区县和全国部分省市每月发行量近 30 万份。

1985 年,举办少年业余创造发明学校。首批学员结业 31 人,创造发明作品共 52 项,在各种创造比赛中获奖 50 项次。创造发明学校成了小发明家的摇篮。

1986 年,向上海市教育局请示成立青少年业余电台。

1987 年,上海市首个青少年业余无线电电台开台。该台经上海市无线电管理委员会批准,呼号为 BY4AY,意为中国上海青少年业余电台。

1988 年,少年报社、市少科站和上海电视二台三家合作举办首届中国上海头脑奥林匹克竞赛,并选拔冠军队赴美参赛。同年,成立上海市青少年业余理科学校,旨在探索培养学生以实验为主学习物理规律,培养学生的动手能力和科学实验能力,推动了上海市青少年学生的物理实验活动。

1989 年,举办科技培训班和暑期短训班共 82 个,共计 17203 人次参与;举办教师科技培训班 3 个,共计 956 人次参与。同年,与全国中学计算机研究中心(上海部)、上海市教育局教学研究室联合创办上海市青少年业余计算机学校,率先开展青少年学生的计算机培训。

1990年,上海市教育局颁发指向少科站工作的重要指导性文件《上海市、区(县)青少年科学技术指导站工作规定》,为上海市青少年科技教育的进一步发展创造条件。

1991年,参与承办首届上海市科技节的青少年活动,重点组织开展以"上海的未来与我们"为主题的青少年系列科技活动。同年,与上海市工业与应用数学学会联合举办上海市中学生数学知识应用系列活动,可以说是对高中数学改革和补充的一种探索。

1992年,参与上海市一期课改,为中小学科技教育、活动课程服务,编写出版电脑、创造发明等科技活动课教学资料。

1994年,上海市委、市政府将建设上海市青少年科技教育中心列为教育发展的"八大工程"之一,提出建设现代化实验馆及拓展基础知识的动手动脑展教活动、大型科普展览厅,以充分发挥中心在科学普及、实验示范、学校指导等方面的功能,实现为提高青少年科技素质服务的目标。

1995年,与上海头脑奥林匹克协会联合举办首届头脑奥林匹克擂台赛,吸引更多师生参与,为探究、设计活动注入动力。

1997年,组织开发首批"九五"教师职务培训课程,涵盖无线电测向、创造学、程序设计等7门学科,同时组织区县少科站专职教师和中小学教师参加培训。

1998年5月,更名为上海市青少年科技教育中心。

1999年,承办第三届上海市青少年科技节,并在科技节上举办上海第一届中学生机器人邀请赛,开创了本市青少年机器人活动的先河。同年,上海市青少年科技教育中心工程因种种原因缓建。为解决活动场地问题,在岳阳路45号大院内兴建了500平方米的彩钢板临时活动用房,并开设了一批青少年科学实验室和工作室。这在一定程度上改善了科技活动的条件,更好地满足了学生进行科学实验和课题研究的需求。

2000 年,举办暑期科普半日营活动,开创了科普活动的新形式,拓宽了校外教育的功能,受到学生、家长和社会的好评。

2001 年,为确保上海市教委"330"工程顺利开展,丰富学生双休日和寒暑假的生活,自行设计的科普展教馆建成并对外开放。该展馆共有 31 项展教项目和 10 项动手制作项目。同年,与英特尔产品(上海)有限公司共同发起创办"英特尔杯"上海市高中名校环保辩论邀请赛,引导中学生关注社会、关注未来,培养学生的创新精神、创造能力和实践能力。

2002 年,制定《上海市青少年科技教育中心三年发展规划(2002 至 2005)》,形成科技教育中心发展战略报告,发展成集全市青少年科技教育活动与培训中心、科技教育信息中心、科技教育研究中心和科技教育器材研制开发中心于一体的现代化、多功能青少年科技教育机构。

2003 年,建立上海青少年科技教育网,策划一系列网上科普活动,开创了利用互联网开展青少年科普活动的先河,为校外教育机构开展线上科普活动提供了有益的经验。

2004 年,设在上海市青少年科技教育中心的上海市青少年科学研究院成立。作为青少年科创后备人才培养的重要阵地,该研究院为推进中小学教育改革的深化和青少年创新精神、实践能力的培养作出了积极的贡献。

2005 年,实施青少年民族文化培训,编印画册《中华神韵代代相传》,集中展示民族文化培训活动的成果。

2006 年,承办上海市学生阳光体育大联赛。同年,首次组队赴德国参加青少年机器人世界杯比赛,获得中学组搜救项目世界总冠军、小学组足球项目亚军和机器人舞蹈项目最佳表演奖。

2007 年,策划实施上海市"十一五"科技艺术教师职务培训,形成市、区两级科技和艺术教育专门机构教师继续教育的合作机制。

2008 年 4 月,根据相关批复,上海市青少年科技教育中心更名为上海市科技艺术教育中心,并增挂"上海市学生活动管理中心"的牌子。

2009 年,首届上海模型节在上海东方绿舟隆重举行,成为集航空、航天、航海、车辆和建筑模型于一体的综合性模型赛事。

2010年,设立上海市校外教育教研室,建立科技模型、信息技术、工程技术、生物环境科学、应用数学、应用化学、应用物理、科普英语、摄影摄像、头脑奥林匹克、科技创新共11个科技中心教研组,以及声乐、舞蹈、钢琴、书画、民乐、工艺、西乐、戏剧、动漫、陶艺、茶艺、影视、红读、群文、古诗词共15个艺术中心教研组。

2016年,在市教委和市科委的指导下,上海市青少年科学创新实践工作站正式成立,总站设在上海市科技艺术教育中心。

2020年,设在上海市科技艺术教育中心的上海市青少年创意设计院揭牌成立。该设计院由上海市科技艺术教育中心联合同济大学设计创意学院共同组建。

2021年,上海市校外教育质量评测中心正式揭牌成立。

2023年,设在上海市科技艺术教育中心的上海市青少年工程院正式成立。该工程院由上海市科技艺术教育中心联合上海大学共同组建。

成立至今,中心的职能不断拓展,已形成了在上海市教委指导下,涵盖体、卫、艺、科、师训等内容的"市—区—校"三级素质教育体系架构。

围绕立德树人的核心目标,中心的主要职能体现为:依据青少年成长规律,构建现代化的校外教育科学体系;全面开展有利于学生综合素养提升的校外教育活动;培养具有一流学识和能力的专业化校外教师队伍;探索校内外育人共同体建设的最佳途径;成为新时期学生综合素质评价体系建设的重要力量。

上海市一贯重视青少年科技创新教育工作,多年来坚持以学生为中心,以科学素养提升和科创后备人才培养为目标和两翼,以培养平台、赛事体系、资源体系、评价机制四大板块为支撑,构建了家庭、社会、学校、区、市协同育人的青少年科创教育良好生态。通过创新运作机制、构建支撑体系、搭建科创后备人才培养平台,形成了具有上海特色的校外科学素养培育体系,有效提升了学生的科学素养,引领青少年踏上学科学、爱科学的旅程,激发他们投身科学事业、报效祖国的志趣,成为孕育科技创新后备人才的摇篮。

二、科创实践的平台应运而生

科学技术正以不可阻挡之势深刻地改变着人类社会,高水平科创拔尖人才培养正是新时代科技进步的源头活水。

2016 年,上海市青少年科学创新实践工作站应运而生,旨在创建一个让具有科学兴趣和创新潜质的高中生"在科学家身边成长"的新平台。工作站致力于促进学生将学科知识用于解决真实情境中的问题,深度推动高中育人方式变革。同时,聚焦高中阶段学生志向、兴趣、潜能逐渐明晰的关键期,聚力高质量科技创新后备人才的培养。它是青少年科创拔尖人才培养与高中深化课程改革经验融合的结晶,是协同多元力量和社会资源助力科创拔尖人才培养的新高地,是一个顶层设计的创新策源、一项科教融合的机制改革、一种育人模式的创新探索。

(一)2016 年,顺势而立——项目启动与筹备

4 月,正式启动招生培养工作。

12 月,举行首批 25 个上海市青少年科学创新实践工作站授牌仪式。

(二)2017—2018 年,强化发展——项目持续扩容与深化

扩容:新增多个工作站及实践点。

交流:举办总结交流会和经验分享会。

(三)2019 年,扩容增效——项目进一步扩展

扩容:新增华东师范大学地理科学、同济大学物理科学与工程等实践工作站。

延伸:试点上海科技馆、上海动物园、上海植物园等作为初中生工作站。

成果:培养一批对科创有兴趣、有潜质的青少年由兴趣向志趣发展。

(四)2020—2021 年,应对挑战——应对疫情挑战与深化合作

应对:加强数字化平台建设,灵活调整教学方式。

合作:线上加强与国内外同行的交流合作。

（五）2022—2023年，高位发展——项目荣获国家级教学成果奖

构建：挖掘品牌项目育人价值。

获奖：荣获国家级教学成果一等奖、上海市基础教育教学成果特等奖。

人才：培养优秀的青少年科技人才。

（六）2024年至今，扩大影响——项目持续优化与创新，扩大影响力

优化：深化改革与探索。

影响：举办科普活动，展示推广项目成果。

面向未来的创新教育应是连接心智的学习共同体，面向未来的创新人才应是兼具人文素养与科技素质的跨界综合型人才，是具有家国情怀与国际视野的中国脊梁。多年来，中心在做强普及、面向人人的基础上，有布局、成体系地搭建了多个青少年科技人才培养平台，已成为上海市高中生综合素质评价的标杆项目。

科技教育的再转型

在滚滚向前的时代浪潮中，科技教育正经历着深刻的变革与重塑。这一转型不仅是教育领域自身发展的内在需求，更是应对社会快速变迁、科技迅猛发展的必然选择。作为国内经济与教育发展的前沿阵地，上海敏锐地捕捉到了时代的脉搏，积极投身科技教育再转型的探索实践，力求为培养面向未来的科技创新后备人才开拓出一条全新的道路。

一、新时代的召唤

培养面向未来的科技创新后备人才是一项需要长期坚持、系统推进的工程。习近平总书记强调，"拥有一大批创新型青年人才，是国家创新活力之所在，也是科技发展希望之所在"，"要深化教育改革，推进素质教育，创新教育方法，提高人才培养质量，努力形成有利于创新人才成长的育人环境"。为深入贯彻科教兴国战略，上海坚持不懈地进行探索，涌现出一批科技教育的探索者和先行者。自2004年起，上海市教委和市科委成立了上海市青少年科学研究院，集中培养科创拔尖学生。自2006年起，市教委在高中学校建设了一批创新实验室，大力推动高中生的探究性学习，取得了显著成效。然而，这些举措主要依托基础教育资源，引领科技发展的科研院所、高新技术企业等高端资源未能实现机制化、体系化、持续性参与，这导致在科技创新后备人才培养的顶层设计等方面存在明显的短板。

随着时代的演进，我国经济社会发展正处于由要素驱动向创新驱动转型的关键时期。习近平总书记强调："我国要在科技创新方面走在世界前列，必须在创新实践中发现人才、在创新活动中培育人才、在创新事业中凝聚人才，必须大力培养造就规模宏大、结构合理、素质优良的创新型科技人才。"培养面向未来的战略科技人才、领军人才,以及科技领域的领跑者、开拓者,需要整合重组最优质的资源,需要基础教育与高等教育、研究机构衔接贯通,需要学校资源与社会资源深度融合,需要解决制度性瓶颈制约、平台机制短缺和现代技术支持不力等多重难题。

上海正在加快建设全球科创中心,科技创新人才的早期培养尤为引人关注。在高中课改全面深化的当下,如何在科创后备人才培养的机制体制上取得突破,从而整体推进教育资源与社会资源的统整、科创课程体系内容的重构、教学实践生态的优化、人才培养模式的升级、专业师资的快速迭代、评价标准的完善等具体问题的系统解决,成为科技教育工作者改革攻坚的目标,教育综合改革亟须在人才培养路径上进行创新。

正是在这一系列时代需求强有力的推动下,上海科技教育踏上了再转型的新征程。

二、新问题的倒逼

2016年4月,市教委和市科委联合发文,在全市范围内组织实施面向高中生的上海市青少年科学创新实践工作站项目建设,在上海市承担国家新一轮教育综合改革领头先行任务的大背景下,率先开展科教融合、协同育人的高质量科创后备人才培养的探索和实践研究。其目的是从机制体制上增强顶层设计和体系化推进能力,突出目标导向、问题导向、需求导向,聚焦高中阶段学生志向、兴趣、潜能逐渐明晰的关键期,聚力高质量科技创新后备人才的培养。这就需要我们解决以下问题。

(一)高中育人方式变革的四个本体性问题

1. 如何学

从学生视角来看,传统的科技特长生培养以高考导向的接受式学习为主,学生普遍缺乏"像科学家一样思考和解决真实问题"的创新性学习经历,小课题研究也大多是纸上谈兵。

2. 谁来教

从师资视角来看,绝大多数科技教师缺乏专业规范的科研训练,自身缺乏指导学生开展高水平科学研究所需的系统的专业知识和技能。

3. 教什么

从课程视角来看,培养科技特长生需要构建科技特色课程群。除国家课程外,还需重点建设理论类(学科深化)、方法类(科研思维)、技术类(实践应用)、专业类(工具操作)和课题研究类(项目实践)系统化课程模块。同时,需要配套高水平实验室硬件设施,并得到高校、科研机构的智力资源支持。这些要求即便对优质高中来说也极具挑战。

4. 如何教

从教学视角来看,每个科技特长生的内驱力、价值观、认知能力、思维特质等各不相同,需要个别化培养和个性化教学。然而,当前高中教育系统在师资配置、资源保障、场所规划以及时空配置等支撑体系层面,尚未形成满足个性化培养需求的必要条件。

(二) 科创拔尖人才早期培养的三个瓶颈性问题

第一,从机制创新角度整合新资源、探索新体制,着力解决原有科创拔尖人才早期培养平台高端资源短缺,实践载体不足,培养机制不畅,难以实现系统化、规模化培养等关键问题。

第二,从育人模式角度开发新课程、探索新教学,着力解决以往人才培养路径单一、课程内容陈旧、育人方式缺乏协同与创新等普遍问题。

第三,从素养提升角度研制新标准、探索新工具,着力解决以往评价体系不能满足学生创新能力培养和个性化发展需求等难点问题。

以如何学为例,要让高中的科技特长生走近科学家和工程师,进入高科技实验室,体验真实的课题研究全过程。以谁来教和如何教为例,由科学家和工程师言传身教,让学生像科学家一样思考,像工程师一样解决问题。以教什么为例,要为科技特长生设计和开发合适的多元创新课程。通过这些举措,实现人才培养模式在素养导向、师资队伍、课程教学、学习方式和综合评价等方面的系统升级,取得科创拔尖人才早期培养的新突破。

经过多年的实践探索,上海科创教育在以下五个方面取得了显著成果。

一是把握新要求,从顶层设计角度厘清新的目标和定位。工作站对标国家科教兴国战略和上海科创中心建设对高端科技创新人才的需求,锚定了重点领域与基础学科人才培养兼顾、普及与拔尖人才培养衔接、全面发展与特长培养融通的目标和定位。

二是构建新格局,从机制体制角度构建新的体系和平台。工作站在市教委和市科委的直接领导下,通过顶层设计,构建了高中与大学衔接、教育资源与社会资源融通、校内与校外联动的科技创新后备人才培养体系和实践平台。

三是优化新内容,从育人内涵角度建设新的多元课程体系。在国家规定的课程总体要求下,工作站建设了高校、科研院所与高中共同开发的多元课程体系。以立德树人为根本宗旨,遵循高校、科研院所学科最前沿与高中课程改革最适切的原则,满足高端科技创新人才个性化发展的需求,凸显科学育人价值。

四是探索新路径,从育人模式角度创新教学策略与方法。工作站打造了线上线下融合的全时空开放育人生态,倡导以项目化学习为引领、以志趣延伸为方向、以课题研究为载体、以多导师线上线下辅导为支撑的教学策略。

五是开发新评价,从育人质量角度开展全过程评价。工作站探索出成长记录与素质评价相结合的过程性评价模式,从合格性和发展性两个维度,关注学生的个性化和差异化,依托信息化技术进行动态记录,建立早期人才识别和后备人才数据库。

随着本体性与瓶颈性问题的逐步解决,上海科技教育在再转型的过程中迎来了新架构的诞生。

三、新架构的诞生

多年来,工作站致力于丰富项目化学习主导的科创课程内涵,形成了以"名校大所—名师大家—名课大赛"为核心优势的拔尖人才早期培养新路径和新模式。

（一）有深度的多学科专业引领

名校大所和高新技术企业为工作站提供了有深度的多学科专业引领。自成立以来，已在复旦大学、上海交通大学等 13 所知名高校建立了 30 个工作站，在中国科学院上海分院等科研院所建立了 7 个工作站，共计 37 个工作站。（1）多领域学科覆盖。依托 37 个高校及科研院所工作站，覆盖天文学、工程机械、生物学、工程材料、环境科学、电子科学与技术、计算机等 14 个学科领域。（2）深度科研实践。每位学员需在 1 学年内完成至少 40 课时的课题研究，包括实验设计、论文撰写与答辩等环节。例如，复旦大学基础医学实践工作站组织学生参与基因编辑技术的细胞实验，中国科学院上海天文台天文学实践工作站指导学生开展行星轨道计算建模等课题。（3）复合培养模式。采用"基础课程＋专业课程＋实地探究＋专家指导"模式。例如，上海大学机械工程实践工作站融合 5G 智慧网络开展智能制造实训。

（二）有梯度的专业导师团队

名师大家组团指导为工作站提供了有梯度的专业导师团队。自成立以来，工作站组建了由院士科学家、专家导师、专业助教构成的师德品行高、专业底蕴深、教学能力强、教育视野宽的导师团队，通过多导师线上线下辅导，满足学生自主探究的学习需求，促使学生与导师形成学习共同体（见图 2-1）。目前，累计有 21 名院士科学家、近 3000 名正副教授（研究员）和工程师走进工作站课

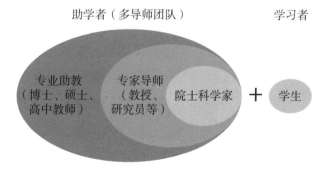

图 2-1　学习共同体

堂,任实职、讲实课、起实效。闻玉梅、褚君浩等成就卓越的院士和知名专家对科学的执着追求与对祖国的满腔热爱,激发了青少年不畏艰难的求索热情,涵养了他们心系天下的人文情怀。同时,工作站在运行过程中也为各实践点学校培育了一支优秀的校内科学教师队伍。

(三) 高水平的科技实践探究课程

工作站遵循青少年科创拔尖人才成长规律,围绕上海市高中生综合素质评价中的"创新精神与实践能力"培养要求,坚持与高中课改的协同性,以实践探究为特色,激发学生的学习内驱力,聚焦创新思维、调查研究、动手实践、交流合作等问题解决关键能力的培养。在设计课程时,注重重点学科领域(数学、科学、工程技术、计算机科学等)的高中知识与大学专业衔接,充分关注学生差异,实施"一站多课、一人一策"的培养策略,构建了极具前沿性、创造性和实践性的跨学科特色课程体系。在课程实施过程中,注重培养学生崇尚科学、尊重客观事实的规则意识以及科学的价值判断能力,帮助学生树立正确的学术道德观念。

市级总站协同 37 个工作站和各实践点,实现每个工作站为学生开发 10 个单元(40 课时,每课时 45 分钟)的探究任务。站点培养课程由基础课程(2 个单元,8 课时)和研究课程(8 个单元,32 课时)两部分构成(见图 2 - 2)。

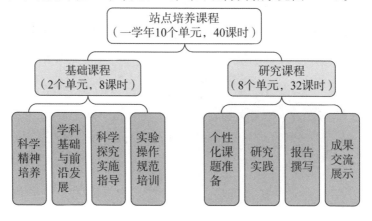

图 2 - 2　站点培养课程基本内容框架

工作站已基本形成以青少年科创拔尖人才培养为核心、科教融合与多元协作相结合的新路径与新模式(见图2-3)。具体包括:依托知名高校和大型科研院所的专业引领优势,组建由院士专家和优秀教师组成的导师团队;通过教授和工程师联合开发优质课程、指导品牌大赛,构建"问题引领—任务驱动—过程支持—成果导向"的培养主线;以项目化学习为载体,依托学习共同体(学习者和助学者)协作机制,开展开放情境下的真实问题探究;聚焦问题解决关键能力培养,鼓励学生把自由创造融入生活,同步推进核心素养导向的新型综合评价体系探索。

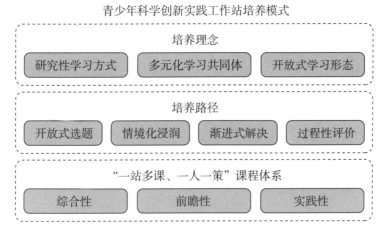

图2-3 工作站人才培养模式

自成立以来,工作站共开设数学、物理学、化学、生物学、医学、信息学和计算机科学等14个大类的37门课程(见图2-4),涵盖人工智能、生物医药、集成电路、航空航天等前沿攻关领域和国家重大战略需求。

工作站遵循科研院所前沿学科、高校专业领域和高中学科基础适切有效衔接的原则开发课程,贴近高中生的个性化成长需求,为他们量身定制贴近真实生活经验的课题方向,构建了高质量的科创课题库。科创课题库每年持续更新,至今已收录4488项适合高中生的课题方向,整体体现出开放性、情境性、实践性和探究性。基于"以赛促学"机制,让学生的成果走向更广阔的天地。依托上海市百万青少年争创"明日科技之星"、国际青少年科技创新挑战营、顶尖科学家论坛"科学T大会"等品牌赛事活动,促使青少年交流和展示自己的探索历

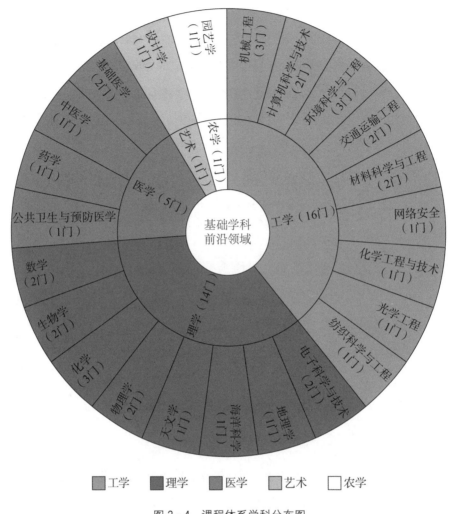

图2-4　课程体系学科分布图

程、研究体悟与创新成果。

随着新架构的逐步完善,与之相适配的新机制也应运而生,为上海科创教育的再转型提供了长效保障。

四、新机制的形成

党的二十大报告指出:"教育、科技、人才是全面建设社会主义现代化国家的基础性、战略性支撑。必须坚持科技是第一生产力、人才是第一资源、创新是第一动力,深入实施科教兴国战略、人才强国战略、创新驱动发展战略,开辟发展新领域新赛道,不断塑造发展新动能新优势。"这为中国加快实现高水平科技自立自强、加快建设科技强国指明了方向。

解决科技创新的人才需求,必须教育先行。青少年科技创新人才培养作为整个创新人才培养链条的最前端,是承载教育、科技、人才工作的基础性工程,直接影响国家综合实力的提升,影响强国建设和民族复兴的进程。高校和科研院所是教育、科技、人才的集中交会点;中小学,尤其是高中教育,承担着为党、为国培育科创人才后备军的重要责任。三者是积极探索推进教育、科技、人才"三位一体"协同融合发展的重要阵地。青少年科技创新人才培养需要构建多维集成的教育体系,上下联动、多方互动、久久为功。

当今世界百年未有之大变局正在加速演进,中国发展面临的国内外环境正在发生深刻复杂的变化。在新发展格局之下,上海以建设具有全球影响力的科技创新中心为目标,肩负着培养高水平科学人才,以及助力我国实现科技自立自强、建设世界科技强国的重任,可谓任重而道远。近年来,上海市积极搭建平台,推进形成了科创课程普及、创新社团引领、创新实践助推、拔尖人才选培、创新文化浸润"五位一体"、国内领先的完整教育链,为启迪青少年创新思维、提升青少年科学素养、培养青少年科创实践能力积累了成功经验。上海市青少年科学创新实践工作站项目正是"五位一体"科创人才培养的有益拓展和重要助推。

工作站架构了跨体制、跨领域、跨学段的"立交桥",建成了"总站—工作站—实践点"多主体协同的拔尖人才早期培养新机制、新载体;丰富了项目化学习主导的科创课程内涵,形成了以"名校大所—名师大家—名课大赛"为核心优势的拔尖人才早期培养新路径、新模式;开发了素养提升导向的"双结合"综评体系,实现了促进学生"多维进阶发展"的实践育人新目标、新评价。

学员们怀着对科学的浓厚兴趣进站,在工作站全面综合的培养下,学会像科学家一样学习和研究,像科学家一样思考和行动,像科学家一样创新和奉献,从而更明确和坚定自己的科创志向和未来生涯规划,最终投身我国的科技创新事业。

在此过程中,工作站项目开创性地形成了以科教融合为核心,高校、科研院所、普通高中、青少年活动中心、科普场馆等共同参与的科创拔尖人才体系化培养联合体，逐步构建了科技人才和科学教师培育的创新范式，是推进教育、科技、人才"三位一体"协同融合发展的有益尝试。

（一）搭建了科创拔尖人才培养的"立交桥"

多方参与，协同育人，搭建了科创拔尖人才培养的"立交桥"。工作站面向未来，为具有科学素养的学生固本培元、重塑思维。以素养提升为导向，工作站建立了促进学生多维进阶发展的"双结合"评价体系，作为高效的学习导向工具。工作站每年招收 4000 多名具有科学兴趣和创新潜质的高一学生，其中 80% 为推荐生，20% 为自荐生。招生遵循"志愿优先、距离优先"等原则。每个工作站总计招收 120 名学生，下设 4 个实践点，每个实践点各招收 30 名学生。整个学习过程历时 1 年，包括 40 个学时的课程学习和课题研究。学生怀着对科学的浓厚兴趣进入工作站，通过全面综合的培养，学会像科学家一样学习和研究，像科学家一样思考和行动，像科学家一样创新和奉献，从而更加明确、坚定自己的科创志向与未来生涯规划。

"名校大所—名师大家—名课大赛"科教融合培养模式是一个高位支撑系统。在高中教育的基础上，这一模式极大地拓展了原有的校外教育体系。工作站吸引了一批拥有最丰富、最专业、最先进科创教育资源的高校、科研院所以及高新技术企业参与到青少年科创拔尖人才的教育与培养中。除了向学生开放一流实验室、大科学装置、新技术装备等，还提供专家指导、专业课程、课题指导和个性化教学等全方位支持。

"总站—工作站—实践点"校内外联动育人载体是一个高能运行系统。通过校内校外领域的联通、课内课外学科的贯通以及线上线下平台的融通，确保管理信息的畅通、培养路径的通畅、评价跟踪的顺畅以及沟通反馈的无障碍。这一系统实现了站点师生之间、线上线下之间、学做知行之间的无缝对接和高效运行。同时，对高中生综合素质评价中"创新精神与实践能力"的评价进行了有益的探索与实践。

总而言之,在政策引领和机制创新的推动下,由导向系统、运行系统与支撑系统构成的三维互动系统,为青少年科创拔尖人才的培养搭建了"立交桥"与"快车道"。这一系统促进了全方位协同育人与创新发展,产生了整体效应。

（二）构建了科创拔尖人才培养的新载体

一站四点,三级基座,构建了科创拔尖人才培养的新载体。"一站四点,三级基座"在全市范围内自上而下地构建了科创拔尖人才培养三级育人体系(见图2-5),开创性地形成了以科教融合为核心,学校、院所、企业等多方参与的科创拔尖人才体系化培养联合体。

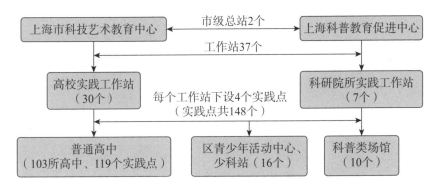

图2-5　多主体协同的三级育人体系

每个工作站下设东、南、西、北4个实践点,旨在为学生搭建家门口的科创探究实践平台,使优质资源惠及全市学生。市级总站主要负责项目的规划、站点的管理和运行,通过课程审核、专家听课、学科教研等措施,确保各站点的规范操作和运行,从而不断提升育人成效。各工作站主要负责学生的培养与管理,通过课程建设、课程实施、课题研究、考核评价和反馈提升等环节,落实学生培养任务,形成螺旋上升的开放式培养路径。

（三）打造了全时空开放的教学新生态

建设数字化平台,融合线上线下资源,打造了全时空开放的教学新生态。基于对学生个性发展、多元需求和立体支持的思考,工作站主动应对外部环境不确定因素带来的挑战和考验。依托数字化技术,开发了学习资源库、探究实操慕课、虚拟仿真实验等多个平台,促进了课程实施的多元化呈现。构建了突破时空限制、线上线下融合、24 小时开放的数字交互平台(见图 2-6),支持学生与导师即时交流、多样化课程资源随时获取、探究成果动态展示,充分满足学生的探究式、体验式、沉浸式深度学习和个性化发展需求。

学生怀揣着对科学的兴趣和科技强国的梦想走进工作站。站内优质资源的全程体验和科学人文素养的全面浸润,促进了学生从科学兴趣向专业志向转变,从浅层学习向深度学习转变,从知识技能向关键能力转变。

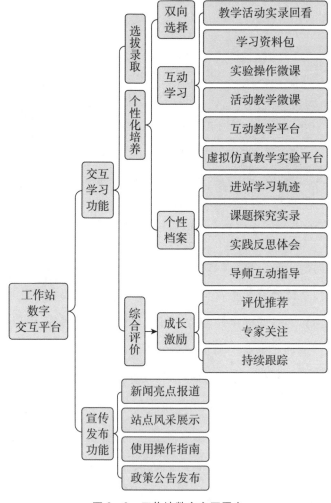

图 2-6 工作站数字交互平台

科创教育的新生态

在上海青少年科学创新实践工作站的持续探索与发展进程中，科创教育的新生态正逐步展现出蓬勃生机与独特魅力。这一全新生态打破了传统科技教育的壁垒，以创新为驱动，以协同为纽带，在功能、系统与评价等多方面实现了重大突破与转型，为青少年科技创新人才的茁壮成长提供了肥沃的土壤和广阔的空间。

一、功能：从阵地到枢纽

要实现科创教育的质的飞跃，需要先突破其传统功能的局限。工作站以创新实践育人为核心，以"一站四点"为基点，在全市范围内自上而下地构建了"市级总站—工作站—实践点"三级育人体系。这一开创性举措构建了一个政府主导、科教融合，学校、科研院所、优质企业合力联动的科技创新后备人才培养联合体。

工作站的三级管理组织架构如下：市级层面，上海市科技艺术教育中心和上海科普教育促进中心作为总站；中间层面，复旦大学、中国科学院上海技术物理研究所等高校及科研院所的工作站作为枢纽；实施层面，由全市的市级、区级实验性示范性高中，青少年活动中心（少科站），科普场馆，科普教育基地，重点实验室，社区文化活动中心等构成实践点。

市级总站负责整体的运行管理和考核工作，各工作站则承担运行管理的主体责任。每个工作站下设东、南、西、北4个实践点，这不仅确保优质科教资源能够辐射至全市，也为学生就近开展科创实践活动提供了保障。工作站管理制度先行，结合实际培养工作形成了一系列管理规范与标准。例如，《上海市青少年科学创新实践工作站学生管理办法（试行）》和《上海市青少年科学创新实践工作站管理办法（试行）》等文件，从学员招生、培养、管理、评价以及工作站点的管理考核等方面，规范了管理和运行流程。

工作站致力于突破时间和空间的限制,通过信息技术赋能科创人才培养,为学生打造线上线下融合、全时空开放的教学生态。工作站充分利用高校及科研院所的实验室和工作室资源,满足学生探究、体验和个性化学习与发展的需求。例如,华东师范大学生物工作站的实验室在双休日和寒暑假都向学员开放实验预约。此外,工作站依托信息技术,打造了24小时在线、线上线下融合的育人生态。项目在实施之初就建立了网页版信息平台(见图2-7)。

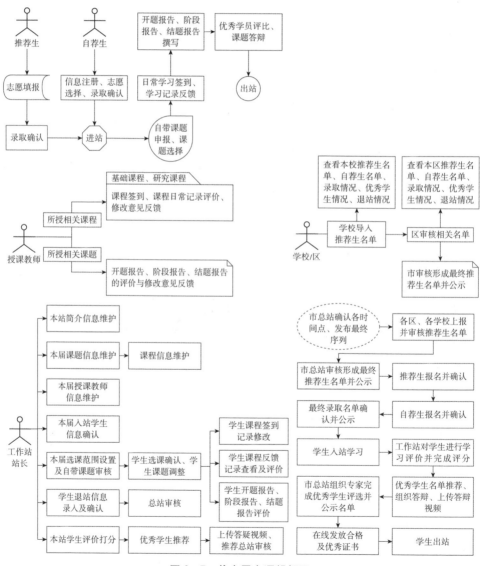

图2-7 信息平台逻辑框图

在2020年居家学习期间,工作站持续优化信息平台功能,增设了视频课程在线上传和浏览功能,并提供了手机端的工作站小程序服务。当年的29个工作站100%完成了基础课程的线上方案、课程实施、课题研究及评定工作。通过开发学习资源包、录制实验操作微课、使用合适的互动教学平台、定制专门的虚拟仿真教学实验平台等方式,线上课程得以多元化呈现,教学效果显著提升。例如,华东师范大学地理科学实践工作站应用地理学野外综合实习虚拟仿真教学平台进行教学,同济大学交通运输工程实践工作站应用虚拟仿真硬件平台开展高铁模拟驾驶实验和沥青虚拟仿真实验体验等实践活动。随着功能的拓展与深化,作为教育核心载体的课程也需要紧跟步伐以实现转变。

二、选择:从单向到双向

工作站的课程开发充分考虑了学生认知能力和知识结构的差异。根据要求,每名学生必须承担一项科学研究课题,因此工作站创设了"一站一课程、一人一方案"的模式。这一模式坚持与高中课改协同,以兴趣和能力提升为根本,以实践探究为特色,建设了特色鲜明、内涵丰富的课程体系。该体系在前沿性、实践性、情境性和整体性方面均有较大提升,为各级各类学校提供了范例。

市级总站协同37个工作站和各高中实践点,由每个工作站为学生开发10个单元(40课时,每课时45分钟)的探究任务。这些任务由基础课程(2个单元,8课时)和研究课程(8个单元,32课时)两部分构成(见图2-8)。课程设计注重实践探究,其中研究课程占课程总量的80%。课程提供不少于10个课题研究方向供学生选择,并鼓励学生自带课题进站。

课程设计兼顾普及与提高,贴近高中生的成长需求。以立德树人为根本宗旨,遵循高校、科研院所学科最前沿与高中基础教育最适切的原则,将高中知识与大学知识有效衔接,为学生量身定制贴近他们生活实际的课题方向。工作站成立以来,开设了包括生物学、医学、化学、计算机等在内的14大类37门课程。这些课程既涵盖了人工智能、生物医药、集成电路、航空航天等前沿领域和国家及上海市重大战略需求,也涵盖了物理、数学、生物、信息学等基础学科。迄今

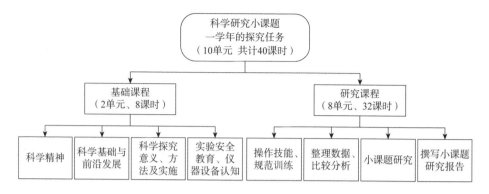

图 2-8　课程体系的主要内容

为止,工作站已直接指导 30142 名高中生完成了超过 80 万课时的科创研究学习以及近两万项课题研究。

工作站聚焦创新能力的培养,强调学科育人和科学育人。坚持高起点定位,以满足未来高端科技人才需求的创新能力培养为导向,围绕上海市高中生综合素质评价中的"创新精神与实践能力"培养要求,确保课题活动中综合性、研究性内容的适当比例,以及项目化、研究性学习要素的全覆盖。引导学生在创新实践中学会学习、学会发现问题,并运用所学知识解决问题。工作站注重学科人才培养方式和教育学思想的有机结合,强调以学科探究为明线,体现立德树人的教育理念。同时,注重将学科新技术与高中课内教育相互衔接,突出在真实情景中运用知识和技术解决具体问题的能力培养,将真实情景中的科学问题及时转化为高中生课题研究项目。各工作站发挥专业优势,转变教学模式,丰富教学活动。例如,上海大学数学实践工作站的"2+2+4"基础课程和"16+4+8+4"研究课程样式,以及上海交通大学网络空间安全实践工作站的 MOOC 教学与翻转课堂教学模式等,都极具特色。随着课程体系的日臻完善,科创教育的系统性建设也需提上日程。

三、系统:从分散到集成

每年,工作站的科创课题都会持续更新,目前已收录了 4488 项适合高中生的小课题,如"宇宙中的星系花园""校园智能交互设施""小行星高速碰撞南极对地球生态的影响"等。这些课题体现了开放性、情境性、实践性、前沿性四大特点。

开放性意味着学生可以从不同的观点和角度审视问题,进而确定一个角度来解决问题;情境性指的是选题来自真实的生活情境,研究性学习即真实的学习,这有利于学生更好地面对未来生活中的难题;实践性建立在高中生已有的人文科学和自然科学基础之上,注重与生活经验和社会实践的联系,能够让学生展开分析和批判;前沿性则体现在研究结果来自科技前沿的先进技术,且由一线专家引领,让学生在感受前沿科技发展态势的同时,理解科学家做研究的意义和价值。

这些丰富且优质的课题资源如同散落的珍珠,亟待通过系统集成,串成一条璀璨的科创教育项链。与此同时,评价体系作为教育系统中的重要一环,也需要同步革新,以适应新生态下的教育需求。

四、评价:从一元到多元

随着科创教育在功能上从阵地转向枢纽,在课程选择上从单向迈向双向,在系统建设上从分散走向集成,评价体系的革新便成为构建完整科创教育新生态的关键拼图。工作站遵循"科学记录、综合评价"的原则,开发了注重过程性评价与增值性评价相结合、合格性指标与发展性指标相结合的"双结合"评价模式(见图2-9),突出了价值观引领的创造性人格培养。

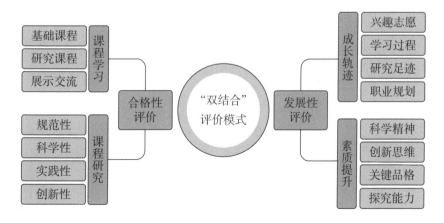

图2-9　"双结合"评价模式

"双结合"综合评价体系以"全面科学素养＋科创人才品格"的培养方向和目标为引领,基于"志趣导向—实践驱动—素养提升"的育人思路,遵循"分层分类、关注过程、兼顾差异"的原则,关注学生的科学精神、创新思维、关键品格、探究能力等素养的培育(见图2-10)。

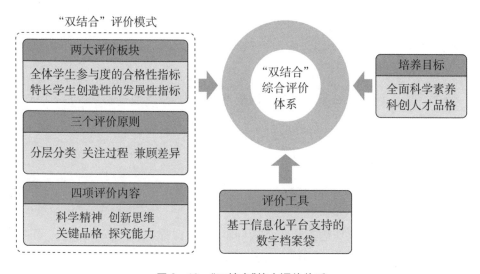

图2-10 "双结合"综合评价体系

（一）以动态深度参与为特征,达成学生学习过程的合格性

评价体系关注学生的学习过程,以过程性为特征。学生在科学家和工程师的指导下,完成一段探究经历,形成一项科创成果,实现一次飞跃成长。工作站不仅关注学生在专业基础课程中的学习表现,更重视他们在课题研究全过程中的探究表现,包括选题阶段的兴趣和价值思维、课题方案设计能力、问题解决关键能力,以及在课题成果交流分享过程中的协作交往能力等。

在复旦大学附属中学的校园里,有一个名字时常在各类科创竞赛的获奖名单中闪耀——张依舟。她不仅学业优秀,更热衷于探索科学奥秘。对她而言,生活中的点滴细节都是挑战和成长的机会。她的科创之路就像一部精彩的冒险故事,充满探索、发现与成功的喜悦。

厨余垃圾问题是一个普遍而充满挑战的世界性难题。随着上海垃圾分类政策的实施,家庭厨余垃圾的处理成了人们关注的焦点。张依舟在一次偶然的机会中,对"垃圾去哪儿了"这一问题产生了浓厚的兴趣。她深入小区走访,观察厨余垃圾的处理流程,发现厨余垃圾在家庭中存放的时间往往长达数小时甚至十几个小时。这些垃圾在存放过程中,不仅会产生难闻的气味,还可能滋生细菌,对家庭居住环境造成严重影响。为了更深入地了解厨余垃圾的危害,张依舟决定开展一项科研项目。在导师的指导下,她先学习了气体样品采集、检测、数据分析等科研技能,这些技能对她后续的实验至关重要。接着,她运用控制变量法的思想,独立设计了实验方案与反应装置。在实验中,她细心地观察和记录数据,努力揭示厨余垃圾在不同温度条件下产生有害气体的情况。

　　经过数月的努力,张依舟终于取得了突破性进展。她发现,厨余垃圾在存放过程中会产生多种有害气体,如硫化氢、氨气等。这些气体不仅会导致空气质量下降,还可能对人体健康造成危害。为了验证这一发现,她设计了多组实验,通过对比不同条件下的实验结果,进一步证实了厨余垃圾的危害性。

　　当然,张依舟并未止步于此。她决心找到一种解决方案,为小区居民创造一个更健康、舒适的居住环境。受到家中马桶盖紫外消毒和公共卫生间喷雾消毒的启发,她创造性地提出了将两者结合的方法,为垃圾桶设计了除臭杀菌的功能。她购买了紫外灯、雾化器等配件,并查阅了大量资料,了解了这些设备的工作原理和使用方法。在导师的帮助下,她成功地将这些设备整合到一起,制作出一种新型厨余垃圾桶。为了验证产品的效果,张依舟设计了多组实验,分别在不同的温度、湿度和垃圾存放时间条件下,测试了这种新型垃圾桶的除臭杀菌效果。经过反复实验和改进,她发现紫外-次氯酸钠的消毒技术最适合家用垃圾桶除臭。这种技术不仅能够有效杀灭细菌、病毒等微生物,还能去除异味,改善空气质量。

　　这次科研经历对张依舟来说意义非凡。她不仅成功解决了厨余垃圾问题,还在深度参与的过程中收获了宝贵的知识和技能,学会了如何独立设计实验方案、如何运用科学方法解决问题、如何分析数据和撰写科研论文等。这些技能将对她未来的学习和工作产生深远的影响。更重要的是,这次科研经历让张依舟深刻体会到科研的艰辛与乐趣。她感受到了"发现—假设—探究"这一过程中的挑战与成就,同时更加坚定了追求科学的决心。她表示,将不断挖掘生活中的科学问题,用所学知识去解释和解决它们。

(二)以增值成长为导向,展现学生能力素养的发展性

通过对学生科学精神、创新思维、关键品格、探究能力的评测,关注学生完成课程后达成的正确价值观、必备品格和关键能力的"增量",以及学生创新素养、特长发展和个性成长的"增值"。这一过程旨在培养学生适应变化并拥抱不确定性的态度,以及积极履行社会公德和义务的责任感。以参加华东师范大学生物科学实践工作站项目的学生为例,前后测评结果显示,其科学探究素养和态度表现有显著提升。

统计数据背后是一个个鲜活的事例。

她,一个普通的高中生,和无数少年一样,怀揣着一颗不平凡的心。然而,仅有充满好奇与探索的心是不够的,还需要付诸实践。当首次踏入科创的殿堂,经历了五个多月的科研旅程后,她仿佛经历了一场知识的饕餮盛宴,心灵得以升华。她叫曹雨婷,是上海市虹口高级中学的学生,带着兴趣报名参加了东华大学环境科学与工程实践工作站。

在工作站的实践课题中,为了解决空气检测简易装置的制造问题,她深入学习了空气污染的基本知识,了解了空气污染的成因、危害以及防治措施;掌握了各种空气质量监测方法和技术,学会了如何使用专业的仪器进行空气质量监测,并了解了仪器的使用原理和操作技巧。

在此过程中,她遇到了许多困难。复杂的计算公式和图表一度让她感到迷茫和无助。但她没有放弃,而是凭借自己的毅力和努力,一步步攻克难题。她不断翻阅书籍、查找资料,向老师和同学请教,反复尝试和实践。功夫不负有心人,她成功掌握了绘制标准曲线图、清晰表达环境空气质量指数等专业技能。每一项技能的掌握都让她感到无比兴奋和自豪,也让她更加坚定了继续探索科研的决心。

科研之旅不仅拓宽了曹雨婷的知识视野,更让她深刻体会到团队合作的力

量。在科研过程中,她结识了一群志同道合的小伙伴。他们探讨问题、分享经验、互相帮助、共同进步。从陌生到熟悉,从熟悉到默契,他们一起经历了无数个日夜的奋战,一起度过了许多难忘的时光。在此过程中,他们不仅收获了知识,更收获了珍贵的友谊。

这次科研之旅也让曹雨婷学会了如何平衡科创探究与学校学习的关系。她深知,学业是一名高中生的首要任务。但科创课题对她来说同样重要,它不仅可以锻炼科研能力,还可以培养创新思维和实践能力。因此,她学会了如何高效地利用时间进行学习和科研。她制订了详细的学习计划,明确了每天的学习目标和任务。她利用课余时间进行科研实践,利用周末和假期进行课题研究和实验。她不断调整自己的学习方式和方法,以适应科研和学习的需要。在此过程中,她学会了多任务处理,以及如何应对各种任务和压力。

值得一提的是,曹雨婷还经历了人生中第一次课题答辩。她提前准备好答辩材料,反复修改答辩 PPT,并向老师和同学请教如何更好地表达自己的观点和想法。在答辩现场,她自信而从容地进行了陈述和回答,并清晰地表达了自己的研究思路和成果。这次答辩不仅增强了她的表达能力和临场反应能力,更让她明白了充分的准备是成功的关键。

这五个月的时间,让曹雨婷从一个对科研一无所知的高中生成长为一个对科研充满热情、敢于探索、勇于创新的科创小达人。她深知,科研之路充满挑战和困难,但只要坚定信念、不懈努力,就一定能取得成功。她还鼓励那些有志于科创的同学,要敢于突破、勇于创新。

东华大学的马春燕副教授作为曹雨婷的带教导师,对这位科创小达人的表现给予高度评价:"该同学在科研过程中展现出强烈的求知欲和探究精神。她对科研充满热情,认真负责地完成了每一个任务。她具有较强的沟通技巧和组织能力,能够主动担任学习小组的组长,承担起组织分配的任务。在科研过程中,她能够积极与同学和老师交流讨论,共同解决问题。她的努力和付出让整个学习小组在团结合作中取得了优异的成绩。尽管整个课题的学习主要通过线上交流进行,但她所展现出的成长和进步令人瞩目。该同学在未来的科研道路上一定会取得更加辉煌的成就。"

（三）全程记录，持续跟踪，为学生提供探究经历的数字档案袋

学生在工作站内的成长轨迹由数字化平台完整记录，并进行动态跟踪。通过数字档案袋为学生描绘立体化的科创实践数字画像。这些数据被纳入高中生综合素质评价体系，进而作为高水平大学高考招生的"两依据、一参考"序列的一部分，为招收全面发展、个性鲜明的科技类优秀学生提供客观依据。

工作站通过对学生的持续跟踪，以及围绕学生进入高校后的专业学习成就开展相关性研究，为持续优化拔尖人才早期培养提供前瞻性支持。同时，建立数据库分析报告制度，强调和注重数据库分析结果的"改进"功能，总结工作站的成功经验，分析不足和原因，从而为持续推进各项育人工作提供依据。

以上海市西郊学校汪悦同学的故事为例。她的研究项目"防下水道倒灌装置"不仅是对个人能力的挑战，更是对解决社会实际问题的积极探索。

在全球气候变暖的大背景下，台风、暴雨等极端气候事件频繁发生，给人们的日常生活带来了巨大影响。特别是我国东南沿海地区，几乎每年都会受到洪涝灾害的侵袭。当洪水来临时，下水道总管因水量积聚无法及时排出，往往会逆流而上，即出现下水道倒灌现象。这不仅给一楼和地下室的居民带来了严重的经济损失，还可能危及生命安全。汪悦敏锐地捕捉到这一社会问题，决心通过科技创新寻找解决方案。

在深入调研了市场上现有的防倒灌产品后，汪悦发现这些产品普遍存在防水密闭性不好、功能单一等问题。她决定从连通器的原理出发，设计一款新型防下水道倒灌装置。这款装置不仅要能有效防止下水道倒灌，还要具备及时通知用户的功能，以便用户尽早采取措施减少损失。为了实现这一目标，汪悦选用 Arduino 开源硬件平台作为项目的基础。她利用液位传感器监测下水道的水位变化，一旦水位超过预设阈值，传感器就会向主控发送电信号。主控接收到信号后，会控制舵机转动，从而阻止下水道的水逆流而上。为了防止自然流入下水道的水使液位传感器误判，汪悦巧妙地在水管内部设置了一个限位孔，

确保只有倒灌的水才能触发传感器。除了硬件设计外,汪悦还考虑到了用户体验。她设计了两种通知用户的方式:一种是通过亮灯提醒在家中的用户,另一种是通过短信提醒出门在外的用户。也就是说,无论用户身处何地,都能及时收到下水道倒灌的提醒,从而尽早采取措施减少损失。经过反复试验和改进,汪悦的防下水道倒灌装置终于达到了预设目标。这款装置不但具有较好的防水密闭性,而且能及时通知用户,有效减少了下水道倒灌所带来的损失。

在这次科创过程中,汪悦深刻体会到了"生命不息,科创不止"的真谛。她不仅在技术上取得了突破,更在思想上得到了升华。她认识到,科技创新不仅是解决社会问题的有效手段,更是推动社会进步的重要动力。通过这次科创经历,汪悦对计算机语言有了更深入的了解。她发现,计算机语言是编程的基础,也是实现各种复杂功能的关键。这让她在学校的信息课学习和测验中变得更加得心应手。同时,她也体会到了选题的重要性。在最初选题时,她一度感到迷茫和困惑,正是一段视频给予她灵感和启示,让她最终确定了研究方向。这次经历还教会汪悦要关注生活中的细节和问题。她认识到,生活中的许多小事都可能成为科技创新的灵感来源。只有善于观察和思考,才能发现那些隐藏在平凡之中的不平凡。这种思维方式不仅让她的文科成绩得以提高,更让她的理科成绩突飞猛进。

上海交通大学机械工程实践工作站的冷春涛副教授对汪悦给予高度评价。他认为,汪悦具有较强的主观能动性和探究精神,能够准确抓住学习重点,提出完整的研究思路和研究方案。在课题研究过程中,汪悦能够将课程所学知识融会贯通,认真实施研究计划,并勇于提出自己的观点和见解。这种科学探索精神和实践能力对未来的科研工作者来说是非常宝贵的。

.

第三章
自上而下的新机制

　　立足于创新工作站的实践点,通过优化空间布局,实现了东、南、西、北四方的紧密联动,构建起一个全面覆盖的实践网络。在内容建设上,课标、课程、课题和课堂实现了深度贯通,确保理论与实践的无缝对接。在运行模式上,通过推动大学、大师、大课和大赛的多元结合,整合各方资源,激发创新活力。最终,一套简明高效的科创教育新机制应运而生,为培育创新人才筑牢了坚实根基。

白玉兰的种子

——上海市青少年科技创新人才培养

总站:厚其根的资源供给

工作站作为关键枢纽,扮演着至关重要的角色,恰似为参天大树输送养分的根基,源源不断地为整个青少年科创教育体系注入丰富且关键的资源。这从根本上奠定了上海青少年在科技创新领域蓬勃发展的基础。

一、拔尖科创人才的种子库

工作站已培养了三万余名高中学生,建立了拔尖人才种子库,有效地促进了学生在兴趣培养、科学探究和创新素养方面的提升。不仅让学生在课堂上学到的科学知识"通起来、活起来、用起来",还推动了高中育人方式的变革以及教师的专业化发展。进站学生的综合素养显著提升,得到了学校、学生、家长和社会的广泛认可。工作站形成了以下几大成果和亮点。

(一) 多方联动,上下贯通,科创后备人才培养的有效路径显现

多年来,工作站形成了市教委与市科委、市级总站、专家委员会、院所工作站和学校实践点多方联动的创新人才培养联合体,科教联手,体现教育公平和高质量科创后备人才培养实践的有效路径得以显现。截至 2024 年 7 月,共在上海市 13 家高校、7 家科研院所中遴选成立 37 个青少年科学创新实践工作站,设立 148 个实践点,覆盖 5 个学科门类的 23 个一级学科。初步形成了课程体系和课题库,包括 37 门各具学科特色的科创课程和 3890 项小课题。部分成果已转化为高中校内教学资源,协同学校共同推进育人方式变革。例如,华东师范大学生物学实践工作站指导学生的研究性课题"探究 NaCl 含量对小麦幼苗生长的影响"已转化为沪科技版高中生物学新教材中的探究实验案例。工作站2018 年录制了 11 门线上特色课程,2021 年编写了优秀课程和培养案例,2023

年与 2024 年分别录制了 12 门科创特色视频课。

（二）多方认可，屡获殊荣，科创后备人才培养的育人成果显著

面对新形势、新任务和新挑战，工作站坚守初心使命，提升育人效能，助推"五育"融合。实施力度逐年增强，覆盖面不断扩大，参与学生人数持续攀升。自成立以来，共吸引了 263 所高中的 30142 名学生参与，占高中学校数量的 86.4%，高中生数量的 5%。

工作站注重发掘和培育有潜质的科技创新后备人才，为有志于投身科创事业的高中生提供了发掘兴趣潜能、明确未来志向、实现科学理想的实践和交流平台。相当数量的学生通过工作站的学习实现了质的飞跃，在众多国际级、国家级和市级比赛中屡获殊荣。据统计，2016—2021 年参加工作站的学生在纳入上海市高中生综合素质评价的科技类比赛中，共获国际级奖项 15 项、国家级奖项 245 项、市级奖项 4109 项。例如，上海南汇中学的武辰辰同学参加华东师范大学生物学实践工作站项目后，于 2019 年如愿考入华东师范大学生命科学学院，入选"强基计划"。上海交通大学机械工程实践工作站 2016 届、2017 届的学员中，进入"双一流"高校就读的占 24.26%。

（三）媒体聚焦，广泛辐射，科教融合育人实践的品牌效应凸显

近年来，工作站的经验和成果在上海市青少年科技节、全国大众创业万众创新活动周、上海国际青少年科技创新挑战营暨"明日科技之星"国际邀请赛等大型科技活动中精彩亮相。上海青少年科创后备人才的培养模式及成效受到广泛关注，其丰富的互动方式、前沿的教育内容和生动的成长案例获得了全国乃至国际同行的高度关注。2017 年，工作站向时任国务院副总理张高丽同志汇报了工作成果；2021 年，工作站的创新经验又获得了教育部领导的肯定。

工作站依托微信平台，发挥新媒体的宣传功效，创建了"上海市青少年创新实践工作站"微信公众号（现更名为"上海青少年科创"），共分享活动资讯 1530 余篇，总阅读量超过 80 万次。该微信公众号已成为工作站广大师生经验交流、成果分享、互动研讨的重要平台。特别是在 2020—2024 年，工作站通过

国际"青博会"的线下和云端展会以及直播等形式展示教学成果，让国内外的教育同仁对项目有了更深入的了解。《解放日报》《文汇报》《新民晚报》、上海电视台、上海教育电视台、上海人民广播电台等官方媒体都为工作站进行了专题宣传。此外，工作站持续编印《上海市青少年科学创新实践工作站优秀学员达人录》，收录了工作站优秀学员的成长案例，成为各学校科创社团的宝典。

种子的茁壮成长离不开专业园丁的精心培育。这里的"园丁"便是辛勤工作的教师队伍。在为学生成长提供关键支持的同时，工作站也高度重视教师队伍的建设与发展，力求成为教师发展的加油站。

二、教师发展的加油站

工作站组建了一支由科学家顾问、专家、导师和助教构成的导师团队。这支团队师德品行高、专业底蕴深、教学能力强、教育视野宽。通过多导师线上线下辅导，服务学生自主探究的学习需求。经过多年的运行，工作站已有近 21 名院士、近 3000 名正副教授（研究员）和工程师走进课堂，走近学生，指导学生开展课题研究。其中不乏闻玉梅、杨雄里、薛永祺、匡定波、褚君浩等成就卓越的院士和知名专家。他们的讲座和辅导不仅带给学生科学知识和创新精神，更展现了自身的人格魅力，以及对工作的严谨态度、对科学的执着追求和对祖国的满腔热爱。这些品质润泽了学生的心田，激发了他们不畏艰难的求索热情，涵养了他们心系天下的人文情怀。以 2021 年为例，实际运行的 29 个工作站共有 772 位教师参与，其中专职教师 547 人，师生比接近 1∶6。在这些教师中，正高级职称教师 171 人，副高级职称教师 196 人，高级职称比例达到 67.1％。师生比和高级职称占比均显著高于教育部对高校各本科专业的相关要求。

在运行过程中，工作站也为各实践点培育了一支优秀的校内科学教师队伍，显著提升了参与教师的专业水平。一大批高中教师和区级青少年活动中心教师陪伴学生走进 37 个工作站。在这里，前沿知识的引领、大师名家的点拨，以及基于未来教育观的课程理念和基于跨学科学习观的课程组织,令他们眼界大开,获益匪浅。自工作站成立以来,受益教师超 3000 名。站点教师获得国家级奖项 6 项、市级奖项 89 项,多名教师获评正高级职称、特级教师称号,以及上海市园丁奖、青年教师课堂教学大奖赛一等奖等荣誉。

此外,工作站的育人能力显著提升。目前,已涵盖 14 大学科领域,开发了37 项科创课程,确立了 3890 项科创课题方向,录制了 11 门线上精品课程,出版了 20 余种科普读物。2021 年,编写了优秀课程和培养案例,其中部分成果已转化为高中校内教学资源。例如,华东师范大学生物学实践工作站指导学生的研究性课题"探究 NaCl 含量对小麦幼苗生长的影响"已转化为沪科技版高中生物学教材必修 1《分子与细胞》中的探究实验案例,并进入教育部全国教材目录。

从前沿科学知识的学习到创新教学方法的研讨,再到实践操作技能的提升,工作站全方位助力教师成长。当教师们满载而归,将所学运用到日常教学中时,又会催生出更多优秀的学生,进一步充实拔尖科创人才的种子库。这一良性循环的持续运转,离不开工作站科学合理的评价体系。

三、增值评价的设计者

"双结合"评价模式既关注工作站全体学生参与度的合格性指标,又关注特长学生创造性的发展性指标,构建了一个从点到面、全方位、多角度的评价体系。工作站强化过程性评价,探索增值性评价,健全综合性评价。以促进学生全面而有个性的发展为核心,建立了合格性指标和发展性指标两个维度的综合评价体系。采用等级评定和过程记录并重的方式,分设"三个一"模块,即一次完整的科学经历、一份科学的研究成果、一套全面的评价模板。工作站依托信息化平台,完整记录每位学生的学习经历,留存学生项目研究的全过程,特别关注学生完成课程后达成的正确价值观、必备品格和关键能力的"增量",以及学生创新素养、特长发展和个性成长的"增值",最终将学生的这段学习经历纳入高中生综合素质评价体系。

"双结合"综合评价体系通过合格性评价与发展性评价双轨机制,对学生的科学创新能力进行多维度考查。

整体评价根据新时代背景下培养创新人才与立德树人的标准,构建了对标核心素养的多元评价指标。评价重点聚焦于基础课程和课题研究两部分:基础课程主要以出勤率等为评价依据,课题研究则采用过程性评价。课题研究的过程进一步分为合格性指标和发展性指标。合格性指标根据学生完成课题研究所有活动情况进行评估,包括开题、中期和结题三个阶段的报告和总结。发展性指标是在活动结束时,由学生自愿选择是否提交课题报告参加等级评定。该评价指标体系包含创新精神与思维、科学方法与过程、科学知识与技能三个核心要素,能够较为全面地评估学生的科创潜能。

通过这一评价体系,工作站能够精准地为学生的成长轨迹画像,为教师的教学策略调整提供依据。为了进一步拓展资源、提升格局,工作站作为大学大所的联络点,其职能显得尤为关键。

四、大学大所的联络点

在上海市青少年科创拔尖人才的培养中,引入知名高校、大型科研院所和高新技术企业的优质教育资源,构建科创教育新高地,既是工作站建设的重要政策导向,也是项目的总体发展目标。

自 2016 年以来,已在复旦大学、上海交通大学等 13 所知名高校建立了 30 个工作站,在中国科学院上海分院等科研院所建立了 7 个工作站,共计 37 个工作站。这些工作站拥有扎实的科普教育基础和强劲的科技实践指导实力,在 14 个学科领域开发了适合高中科技特长生的专业基础课程和课题研究课程,并在全市高中学校和少科站建设了 148 个实践点,开设实践点的高中数量占全市高中学校的 33%。此外,部分科普教育场馆也积极参与其中。总体而言,构建了政府主导,科技与教育优质资源融合,大学与高中紧密结合、协同育人的科技创新人才培养体系和实践平台,为高端科创人才培养奠定了基础。

表 3-1　上海市青少年科学创新实践工作站名单(2024 年度)

学科方向	工作站
计算机	复旦大学计算机科学与技术实践工作站
计算机	上海交通大学网络空间安全实践工作站
计算机	华东师范大学计算机科学与技术实践工作站
数学	上海应用技术大学数学实践工作站
数学	上海大学数学实践工作站
医学	上海中医药大学中医药实践工作站
医学	复旦大学环境与健康实践工作站
医学	复旦大学基础医学实践工作站
医学	上海交通大学医学院医学科学实践工作站
医学	华东理工大学药学实践工作站
环境	上海理工大学环境科学与工程实践工作站
环境	东华大学环境科学与工程实践工作站
环境	华东师范大学城市生态与环境实践工作站
化学	上海师范大学化学实践工作站
化学	华东师范大学化学实践工作站
化学	华东理工大学分子工程与材料科学实践工作站
化学	中国科学院上海有机化学研究所化学实践工作站
生物	上海海洋大学海洋生物实践工作站
生物	华东师范大学生物学实践工作站
生物	上海市农业科学院园艺学实践工作站
生物	上海师范大学生物与环境实践工作站
天文	中国科学院上海天文台天文学实践工作站

（续表）

学科方向	工作站
工程（材料）	上海工程技术大学纺织科学与工程实践工作站
工程（材料）	中国科学院上海硅酸盐研究所材料科学与工程实践工作站
工程（材料）	东华大学先进纤维与低维材料实践工作站
工程（机械）	同济大学交通运输工程实践工作站
工程（机械）	上海工程技术大学交通运输工程实践工作站
工程（机械）	上海交通大学机械工程实践工作站
工程（机械）	上海大学机械工程实践工作站
工程（机械）	上海交通大学能源科技与未来城市实践工作站
工程（光学）	中国科学院上海光学精密机械研究所物理学实践工作站
物理	中国科学院上海技术物理研究所红外物理与光电技术实践工作站
物理	同济大学物理科学与工程实践工作站
设计	上海交通大学创新设计实践工作站
地理	华东师范大学地理科学实践工作站
电子科学与技术	上海科技大学智能芯片与信息技术实践工作站
电子科学与技术	中国科学院上海微系统与信息技术研究所芯片科学实践工作站

工作站：茂其实的内容输送

　　1975 年，中国社会主义改革开放和现代化建设的总设计师邓小平明确指出"科学技术是生产力"，而后在 1988 年又进一步提出"科学技术是第一生产力"。近现代以来，正是作为第一生产力的科学技术的迅猛发展，带来了一项又一项技术发明，不断颠覆着我们的生活、工作和休闲娱乐的方式。青少年学生思维活跃，好奇心旺盛，对未知世界充满渴望，他们无疑是未来科技创新的主力军和新生力量。在中华民族伟大复兴的关键时期，引领高中生亲近科学，在青少年心中植入科创基因，显得尤为重要和迫切。

　　自成立以来，上海市青少年科学创新实践工作站持续深耕于青少年科创教育领域。每年，来自上海市 200 余所中学的 4000 余名高中学子依托 148 个实践点，走进 37 个工作站，接受形式多样、内容丰富的系统性科学学习和科创实践。这些工作站将高水平的科创教育覆盖到上海市高中生中不少于 5％ 的体量，累计已完成三万余名学员的科创实践培训。

　　随着这些学生陆续进入高校及走向社会，曾经种下的"科学创新的种子"正在他们心中孕育成长，不仅改变着他们自己，还在传递和影响着更多的人。如果说总站是整个体系的根基，奠定了坚实的基础，那么各工作站便是繁茂的枝干，承担着将丰富的内容输送至青少年群体的重任。

一、大学生活预体验

　　上海市青少年科学创新实践工作站项目依托上海市的高等院校和科研院所。在目前的 37 个工作站中，30 个（占 81.08％）来自上海市各高校，6 个来自中国科学院上海分院，1 个来自上海市农业科学院。上海作为国内高等院校资源最为丰富的地区之一，各高校也积极面向社会各界开放。然而，以工作站学生身份进入高校与以个人身份进入高校参观学习，是完全不同的体验。

在工作站的学习活动中，学员们佩戴上海市青少年科学创新实践工作站发放的学员证，以实践点团队或课题组团队的形式，走进各高校的报告厅、教学楼、实验室、研究平台、图书馆、学生餐厅、校（院）史馆、科学馆、纪念堂及各具特色的人文景点。这种深入的体验带给学员们强烈的融入感和自豪感，以及不断涌现的脑力激荡和感官冲击。以工作站学员身份为纽带，学员们还能与高校的教师和学生建立更多的交流方式与途径。

学员们在报告厅和教学楼里聆听专家学者关于前沿科技进展的讲座，与高校教师面对面交流科学问题的前世今生。从专家、教授热情洋溢的讲授中，他们感受到前辈们对所从事学科及学术研究的热爱，以及对国家科技进步的自豪感。正是在数代人的努力下，一处处科技空白被填补，一个个科技专利在诞生，中国与西方发达国家之间的差距在一点点缩小，部分领域甚至已在短时间内实现了赶超。

学员们组队在各高校的实践场所参观学习，聆听高校教师耐心细致的讲解，不时与他们进行互动交流。更难得的是，他们能够以工作站学员的身份走进轻易不向社会人士开放的高级别实验室，如复旦大学上海医学院的 P3 生物安全实验室、上海交通大学工程学专业实验室，甚至近距离接触上海天文台射电望远镜等科学大装置。

学员们在学生餐厅中，像大学生一样凭用餐券自由选择喜欢的菜品组合，和来自全市各中学的学员们以"食"会友，三五成群地坐在一起边吃边聊。他们也可以在食堂的饮品和果蔬区自由选购喜欢的水果、饮品和茶点，有时还会为抢到一杯有高校特色 Logo 的限量版奶茶而欣喜不已。

学员们在午休时间自由地徜徉于高校的校园，用心记录着自己的发现和惊喜：实验动物的纪念碑、知名教授的塑像、有历史感的老校门、巨幅的学术讲座展板、隐于一角的遗体捐献室、座无虚席的图书馆、步履匆匆的学长学姐、喧嚣热闹的体育馆、水流激荡的游泳馆、人声鼎沸的篮球场……这些点点滴滴的发现是专属于他们个人的体验。

当然,最让学员们印象深刻的是参加小课题研究的过程。他们用生动的笔触记录下无数个"第一次":第一次领略到学术文献的浩如烟海,第一次学着用主题词和检索式在数据库中查阅学术文献,第一次学着用统计软件分析数据,第一次见识到价值数千万的科学仪器,第一次尝试提出研究设想并设计研究方案,第一次体验"开组会",第一次写课题研究报告,第一次在专家学者面前汇报自己的研究发现,第一次穿上白大褂体验抢救病人的争分夺秒,第一次用手触摸小白鼠柔软的身躯并在它们身上扎针,第一次亲眼见识人体细胞在显微镜下的模样,第一次用专业 MaxIM 软件对天文照片进行测光分析,第一次推算星团与人类之间的距离,第一次学着用观测到的数据估计恒星的表面温度,第一次使用数学建模,第一次分析星团中恒星的颜色,第一次应用高效液相色谱法(HPLC)测定中药材料中的有效成分,第一次走进中国科学院的大门……

工作站通过整合各方资源和校内外联动模式,组织学生围绕各站的专业学科开展基础课程与课题研究相结合的活动。这些活动涉及的学科隶属于 5 个门类(理学、工学、农学、医学和艺术学),以自然科学类学科为主。长达 40 学时的沉浸式学习让学生们初步体验了心仪大学的学习与生活,感受到浓浓的学术氛围。这种体验不仅拓宽了青少年的视野,更激发了他们对知识的渴望与追求。当他们带着这份热情回到工作站时,便迫切地想要进一步接触更专业、更权威的学术资源。而专家团队资源就如同一场及时雨,满足了他们的需求。

二、大师魅力初感受

在上海市教委和上海市科委的号召下,各工作站都尽其所能,整合最优质的教育资源,组建了一支由院士级资深科学家、教授级授课专家和课题导师、资深技师和研究生助教等组成的专家团队。这个团队师德品行高、专业底蕴深、教学能力强、教育视野宽,积极参与工作站的日常带教指导。据不完全统计,各工作站的专家团队成员有 30 至 50 名,其中高级职称教师比例达到 80% 以上。各工作站根据自身的学科特点和教学特色,形成多种不同的组合模式,共同完成对站内 120 名高中生的科创教育。目前,已有 21 名院士、近 3000 名正副教授(研究员)和工程师走进工作站。他们以一种或多种身份与学生们见面交流,时而是具有远见卓识的院校级领导,时而是著作等身的大学者和大专家,时而又是可亲可敬的邻家长辈。

例如,复旦大学基础医学实践工作站的闻玉梅院士已至鲐背之年,但依然活跃在青少年科创教育的舞台上。闻院士不仅是上海市青少年科学创新实践工作站顾问团的专家,还是"上海市青少年科创教育经典导读"系列活动的顾问。此外,她还多次以工作站指导教师的身份,为来自全市多所中学的学生亲自授课,并就学生们参加科创活动提供了宝贵的指导和建议。她每次上课都让学生坐到前排,鼓励大家多提问。闻院士结合自己的人生经历,鼓励学生们从自己的兴趣出发投身科学研究,学会享受研究的乐趣,并强调了主动性在科研过程中的重要性。她的讲课精彩生动,深受学生喜爱,同时激发了学生们对科学的兴趣和热情。她勉励学生在参加工作站的活动时,要勤于观察、乐于思考、勇于探究、敢于质疑、乐于奉献,更要动手动脑,学会团队协作,敢于发明创造。闻院士以平易近人的态度和深入浅出的讲解方式,拉近了院士与中学生的距离,成为学生心目中的知心"引路人"。

褚君浩院士也对青少年科创教育充满热情,被称为"心系科普的院士"。他多次走进工作站的课堂,为学生们讲授科学创新第一课"传感器与智能时代"。在课程中,他结合未来科技发展与智能时代的到来,深入浅出地讲解了传感器的基本原理与应用,并分享了自己求学路上的亲身经历和感悟。这不仅激发了学生对科学的兴趣,还为他们提供了宝贵的科学知识和实践经验。褚院士还向青少年推荐科学书籍,分享他的读书方法和心得。作为我国自主培养的第一个红外物理博士,褚院士的研究成果斐然。如今,我国在新能源领域取得的成绩离不开他及其他科技工作者的努力。他常对年轻人说:"要想真正做好学问,首先要有勤奋好学的态度,三天打鱼两天晒网是不行的;其次要有好奇心、求知欲和追求真理的勇气,多问为什么;而最重要的是脚踏实地,在积累中创新,从渐进到实现跨越式发展,这需要实干精神。"

薛永祺院士从事红外探测、航空多光谱和成像光谱遥感技术研究 40 余年，既是红外遥感技术专家，也是一位心系青少年科创的大师。薛院士是工作站课堂的常客，不仅为学生们开设讲座，还带领课题组直接指导工作站的学生开展课题研究。更难得的是，薛院士所在的中国科学院上海技术物理研究所的团队课题组已向青少年敞开大门，工作站的学员们能够选择自己感兴趣的小课题研究方向，并在导师的指导下开展一个个小项目研究，如用光学仪器检测橄榄油的品质。谈及自己的人生经历时，薛院士提到对他影响至深、指引他走上科研报国之路的是他中学时期的校长和物理老师，他们成为他未来人生路上时刻引领他的"光和电"。如今，薛院士和他所在的科研团队也成为无数青少年学子的"光和电"，影响了一批批年轻人。

正是有闻玉梅、褚君浩、薛永祺、杨雄里、匡定波等一批批成就卓越的大师引领，以及无数专家学者的鼎力支持，共同汇聚成青少年科创人才培养的坚实力量。这些大师带给学生的不仅仅是科学知识和创新精神，还有他们身上散发的人格魅力。正如褚君浩院士所言："科学精神其实就是求实精神、创新精神、怀疑精神和宽容精神，我们不论做人、做事还是做学问都需要这样一种精神。"

大师的魅力无时无刻不在影响着工作站的学员们。上海中医药大学中医药实践工作站的学员魏立涵在总结中提到："我的梦想是做一名优秀医生。何为优秀？是像王建新教授一样，刻苦钻研科学问题；是像曹敏主任一样，拥有无私奉献、热情报国的博大胸怀；是像周斌教授一样，在拥有技术的同时传播文化，为中国'代言'……当我认识到中医的奇妙之后，不再单纯地想用好手术刀，而是希望通过将来的学习与不断努力，朝着'将祖国医学发扬光大'的梦想迈出坚实一步。"

在与大师的近距离接触中，青少年学子被大师的渊博学识、严谨态度和创新精神所折服，感受到了科学的无穷魅力。这种魅力如同强大的引力，吸引着青少年深入探索科学的奥秘。而工作站设置的大课便是他们深入探索的重要途径。

三、大课奥妙先感知

上海市青少年科学创新实践工作站项目基于学生的兴趣和专业志向,面向不同层次的高中生,具有一定的学科专业导向,包含 40 学时课程学习内容,是一种沉浸式、体验式和项目化的学习活动。工作站的科创教育活动本质上是高中课程方案中综合实践活动的延伸,其核心词是"高中""综合"和"延伸"。首先,工作站的课程设置遵循青少年的成长需求和认知特点,确保内容在中学生能理解和接受的知识和能力范畴内。其次,在以相关专业学科为切入点的基础上,体现综合性,即融入跨学科理念和大历史观。最后,在高中课程学习的基础上进行延伸,注重实践创新能力的培养,在学科专业领域内开展研究性、项目化的学习。这种学习模式既注重学生个人的自主探究,也强调团队协作。在发现问题、分析问题和解决问题的过程中,学生深刻地意识到一个问题的解决往往伴随着另一个新问题的产生,从而将终身学习的理念深深地烙印在心中。

在 40 学时的课程学习中,既有基础课程,又有研究课程,最终实现研究性学习,即"问题解决学习"。这是一种通过解决问题的方法来发展问题解决能力的学习形态。对绝大多数高中生来说,这是一种未曾接触或很少接触的学习模式。它也是工作站学习中大课的落脚点。

在基础课程中,学生通过系统学习一代代科学家为推动人类认知高度和科学发展所作出的贡献,对相关学科的前沿进展有了一个总体了解。这不仅让学生意识到科学技术的发展永无止境,还让他们认识到科学领域困难和挑战并存,从而激发他们投身科学研究事业、为全人类和民族复兴大业作出贡献的决心和斗志。此外,基础课程还承担着引导学生向研究性课程学习转变的作用。通过基础课程的学习,学生学会思考和发现问题,进而提出问题,并在掌握研究性学习所需方法和技术的基础上,进一步分析和解决问题。

课题研究是研究课程的核心,以问题引领、任务驱动、过程支持、成果导向为主线,围绕完成小课题研究这一核心任务,组织学习共同体开展研究性学习。在课题研究中,提出问题是课题的起点,即通常所说的选题。选题不是凭空想象出来的,而要符合科学性、可行性、实用性和创新性的标准。问题通常来源于真实情境,具有生活背景。例如,华东师范大学生物学实践工作站的课题包括"长风公园人工湖内淡水藻类种类调查和种类与水质的关系""基于模式生物水蚤的二氧化钛毒性分析""西虹江的净化程度及本身的水体污染程度"等。这些选题都是基于解决问题的需求而开展研究,符合中学生的认知特点,大多由学生自己提出,或是在导师课题大方向的基础上延伸出来的子课题。

制定合理的研究方案是确保课题研究行动成效的关键。学生通常在教师的指导下,通过查阅文献、借鉴相关研究工作,明确各自研究课题的流程。例如,需要进行哪些相关实验研究、数据观测或模型构建。此外,还要考虑这些研究是否需要遵循特定的先后顺序,以及是否有特定的实验材料、软件、仪器或时空、季节要求。在方案制定环节,学生应尽量考虑周全,越细致越好,并对研究中可能出现的情况有一定的预估,同时制定相应的预案。

方案实施阶段特别考验学生的动手操作能力和科学态度,这也是学生体验特别深刻的阶段。即使在方案设计环节已经做了充分的准备,但在具体实施环节,仍会出现各种"意外",比如结果与研究假设或预期不完全相符,甚至相反。这时,学生需要根据实际情况进行补救或改进,并在保证实验操作科学、准确的基础上,对课题实施方案进行补充完善和修订,同时对研究结果进行整理和分析。

虽然各工作站为学生提供的课题从大方向上来说是相对成熟和稳定的,但任何一个研究活动都是相对独立且全新的探究,出现与预期不符的结果也很正常。通过课题研究,学生更深刻地认识到,在研究过程中要有问题意识。在保证实施过程科学的前提下,研究假设错误并不代表研究失败。有时候,尽快调整目标并修订实验方案,反倒能解开谜团。这一过程培养和提高了学生分析、评价问题和解决问题的能力。

完成课题研究并不是研究的终点,学生还需要对数据进行分析整理,形成规范的研究总结报告,并向他人汇报展示研究结果。这是一段稍显烦琐,磨炼心性的过程,却是研究性学习非常重要的闭环。只有经历了这种"涅槃重生"的学生,才能深刻领悟这一过程的重要性。事实上,这也是工作站的优秀学生或达人遴选时最重要的依据。

工作站的课程之"大",体现在一群有理想、有激情的大师倾尽全力"授人以渔",以及集团队之力打造一系列专业课程和小课题研究库,并在其中融入跨学科思维;更重要的是,它将传统意义上的课堂扩展到更广阔的领域。学生可以仰望星空,关注日月星辰、星际宇宙和光电遥感;也可以脚踏实地,关心人类健康、环境安全和微观万物。有时,只需一台电脑,就可以用数学模型进行千万次的演算推理;有时,则需要一次次走进现场,进行无数次的测绘和修正才能构建模型。更多时候,学生需要"博观而约取",广泛吸纳多学科知识,"厚积而薄发",不断地在具体场景中灵活运用。

通过师生和课题团队的共同研讨,一个个真实有趣且贴近中学生生活情境和认知能力的小课题项目应运而生。在完成课题的过程中,学生不仅提升了能力,磨炼了意志,还实现了从理论到实践的跨越。

例如,在复旦大学计算机科学与技术实践工作站,学员谭子祥从解决上海地铁线路数量多、站台类型复杂,导航软件对地铁站内的指引不够准确这一实际问题入手,开展了"基于 App Inventor 2 的地铁站内导航系统"的课题研究。谭子祥在现场考察上海南站、石龙路、莲花路和银都路等地铁站的基础上,应用123D Design 自行设计地铁站的模型图,最终实现了通过手机 App 进行地铁站内实景导航的目的。

在上海应用技术大学数学实践工作站,学员沈几贝为了研究小区开发对道路通行能力的影响,查阅了大量文献资料和专业书籍,增加了对所研究问题的认识。沈几贝还在网上查找并观看了有关 MATLAB 的教学视频,并主动寻找伙伴一起去现场采集数据。正如沈几贝自己总结的那样:"我学会了更好地进行时间管理,能够阅读并理解以前那些束之高阁的丛书,一次次突破自己的极限。"

在上海理工大学环境科学与工程实践工作站,学员周佳盈关注身边的环境与健康问题,开展了"探究校园中颗粒污染物浓度"研究。学员柳长青在开展

"探索咖啡渣的资源化利用"研究的过程中意识到,仅有方法是远远不够的,还需要配套的一步步组合处理,才能真正解决实际问题。

工作站的课程之"大",还体现在以学科探究为明线,融入社会主义核心价值观,引导学生树立远大理想和崇高追求,聚焦国家和社会需求,成长为以国家民族需求为己任的栋梁之才。

例如,在上海交通大学机械工程实践工作站,学生们将机械、电子、传感器、计算机、人工智能等多学科知识相融合,用于移动机器人的组建,并创新性地将其应用于"救援"场景,设计出"卫生间气味检测及通风装置的机器人"。通过课题研究的实践,学生们深刻领悟到:"工程的出发点和落脚点永远来源于现实,最终回归现实。工程研究应该能够切实对现实产生正面影响,需要实践的积累,而不是设计者坐在象牙塔里闭门造车。更深度的需求来源于我们对生活的深度观察和发现,最后以创意设计的形式呈现。"

工作站基础课程与课题研究相结合的模式,实现了让学生从被动的学习者向主动的求知者转变。这种模式不仅锻炼了学生多方面的能力,如文献检索和阅读、提出研究设想并撰写课题报告、制定项目实施计划书、遇到实际问题提出解决方案、反思课题研究的不足并提出研究展望等;更为重要的是,通过教师的言传身教和研究过程的历练,学生提升了科学研究素养以及对国家民族的责任心和使命感。

青少年在课堂上积极思考,热烈讨论,不断拓展自己的思维边界。当他们在大课学习中积累了一定的知识与技能后,便渴望拥有一个展示自我的舞台。此时,大赛活动为他们提供了一个绝佳的机会。

四、大赛活动有参与

工作站项目搭建了科创后备人才实践教育培养平台,旨在培育学生的创新精神、拓展学生的创新思维、夯实学生的创新知识、强化学生的创新行动,为上海建设具有全球影响力的科技创新中心奠定基础。工作站注重实践过程,对学员采用过程评价与结果评价、成长记录与素质评价相结合的评价模式,并非以参加竞赛和获得奖项为目的。工作站的学习不是孤立的,它不仅能最大限度地激发学生参加大赛和活动的兴趣与热情,还能让学生在解决问题的过程中获得难以言喻的乐趣和进一步完善提升的动力,最终将所学投入实践应用,从而帮助身边更多的人。报名参加工作站的学员平日里便是对创新实践充满乐趣和激情的学生,他们的学习生活因参加工作站活动而变得更加丰富多彩。经过工作站严谨科学的科创实践训练,学生们展现出更高的创造力和实践能力,积极参加各级各类青少年科创活动,形成了一种正向循环。据不完全统计,2016—2021年参加工作站的学生在纳入上海市高中生综合素质评价的科技类比赛中,共获国际级奖项15项、国家级奖项245项、市级奖项4109项。

例如,上海市高境第一中学的邹一鸣同学通过在工作站的研究学习,获得了"明日科技之星"荣誉称号,并连续参加了第三届、第四届顶尖科学家论坛"科学T大会",在"小科学家"论坛上发表演讲。

复旦大学计算机科学与技术实践工作站的陈哲同学是一名信息学竞赛网站的管理员,每天都会收到上百篇题解的审核需求。而筛选出符合要求的题解是一项费时费力的工作。他希望借助人工智能技术,将符合要求的题解和严重不符合要求的题解进行准确分类,以减少管理员的工作量,缩短用户等待审核的时间,提升用户体验。陈哲将自己在工作站学到的人工智能和编程知识应用于实际问题的解决,成功设计出"信息学奥赛题解形式审核机器"。

上海理工大学环境科学与工程实践工作站的周佳盈同学在报名工作站时,正备战中国高中生物理创新竞赛(China Young Physicists' Tournament,CYPT)。作为一名热爱科创的学生,她在备战竞赛的同时,也积极投入到工作站的学习和研究中。尽管面临重重困难,她依然竭尽全力,最终被评为年度科创达人。周佳盈认为,在科学领域,每一条道路都值得尝试,即使发现一条走不通的路,也是一种贡献。她坚信,只要去做,科创就会有意义。在工作站,所见所闻皆是收获。

综上所述,在众多院士和资深科研人员的参与和推动下,上海市青少年科学创新实践工作站项目取得了显著成效。越来越多的中学生通过这个平台接触到科技前沿,体验到科研的乐趣和挑战,激发了对科学的热爱和追求。在专家、教授的指导下,学员们体验了开题报告、实践研究和结题展示等科学研究的全过程。通过参与工作站的创新实践活动,学生们不仅学到了专业知识,提升了科创素养,还锻炼了团队合作和问题解决能力,增强了使命感、责任感和自我价值感。

实践点：广其途的路径选择

在工作站的体系中，实践点如同细密的根系，分布于各个学校，为青少年科技创新实践活动的开展广开路径，提供了丰富且多元的选择。这些路径犹如一条条康庄大道，引领青少年在科技创新领域稳步前行。

一、激活学校多方资源

自 2006 年起，上海市教委在全市范围内的高中学校建设了一批创新实验室，覆盖率达到 82.9%。这一举措极大地推动了高中生的探究性学习，并取得了显著成效。然而，这些举措主要依托体制内的教育资源，许多引领科技发展的科研院所、高新技术企业等高端资源并未以机制性、体系化、持续性的方式参与到高中教育中，这导致科技创新后备人才培养的顶层设计等方面存在明显的短板。

为了培养面向未来的战略科技人才、领军人才，以及科技领域的领跑者、开拓者，需要整合重组最优质的资源，包括基础教育与高等教育、研究机构的衔接贯通，学校资源与社会资源的深度融合，以及解决制度性瓶颈制约、平台机制短缺和现代技术支持不力等多重难题。

在高中课程改革全面深化的关键时期，促进高中学校培育创新文化，不仅需要在科创后备人才培养的机制体制上有所突破，还需要整体推进教育资源与社会资源的统整、科创课程体系内容的重构、教学实践生态的优化、人才培养模式的升级等具体问题的系统解决，从而实现激活学校多方资源、助力学校项目发展、改善学校课堂文化、遴选学校优秀学子的目标。这也是科创教育工作者改革攻坚的目标。

一旦学校的多方资源被充分激活，就如同为青少年科技创新实践活动注入了源源不断的动力,助力学校项目开展便成为顺理成章之事。

二、助力学校项目开展

(一)构筑院校链接新桥梁与平台

在上海市教委和上海市科委的直接领导下,工作站通过顶层设计,构建了高中与大学衔接、教育资源与社会资源融通、校内与校外联动的科技创新后备人才培养体系和实践平台。这一平台的建立不仅拓展了学校的科创资源,也为学生提供了更多接触科技创新的机会,激发了学校的科创活力。学生可以参与各种科创实践,亲身体验科技创新的过程,培养创新能力和实践能力,提高团队协作能力和问题解决能力。此外,工作站还为学生提供了与科技专家和学者交流的机会,让他们能够接触到最前沿的科技知识和理念,激发他们的创新思维和创造力。在结题答辩和科创交流活动中,工作站还为学生搭建了一个展示自己才华和成果的平台。

(二)打造激发高中科创教育活力的多元课程体系

在国家规定的课程总体要求下,工作站建设了高校、科研院所与高中共同开发的多元课程体系。该体系以立德树人为根本宗旨,遵循高校、科研院所学科最前沿与高中课程改革最适切的原则,满足高端科技创新人才个性化发展的需求,凸显科学育人价值。

项目实施以来,工作站依托"市级总站—工作站—实践点"三级育人体系不断完善课程体系,以学科交叉、资源整合和深度实践为核心,激发高中科创教育活力。多元课程体系的建设不仅为高中生提供了一个更广阔的学习和研究视野,也为他们接触科技创新提供了更多机会。工作站直接指导30142名高中生完成超过80万课时的科创研究学习以及课题研究三万余项。科创小达人们通过敏锐的观察、细致的思考和持续的探索,开展了一项又一项实验项目,讲述了一个又一个创新故事:有的开展了"废旧口罩熔喷布改性用于锂电池隔膜研究",有的研究了降解餐厨垃圾耐盐功能菌的筛选与应用评估,还有的对探索宜居行星产生了好奇……这些经历铸就了他们科研路上的"初体验"。

（三）深化院校、馆校合作，激发合作新活力

院校合作的重心在于提供丰富的科研项目和实践机会，让学生在真实的科研环境中学习和实践，从而培养创新思维和问题解决能力。实践点学校通过与科研院校合作开展研学活动，旨在培养具有创新精神和实践能力的新时代人才。例如，上海大学数学实践工作站以专题报告的形式介绍数学建模的应用场景，并针对每个实践点设计了套餐式课程方案，提升了学生应用数学理论解决实际问题的能力，培养了他们的数学创新思维。上海市格致中学作为实践点之一，积极开展与上海大学数学实践工作站的合作，为学生提供广阔的数学科创资源和机会，打造高水平的学科创新教育。

上海天文馆、上海集成电路科技馆等科普场馆也被纳入工作站的实践点。这些场馆拥有丰富的资源和专业知识，因而馆校合作能够为学生提供更广阔的学习空间和更丰富的学习资源。这种合作有助于激发学生的科学兴趣和创新潜能，同时培养他们的创新思维和实践能力。例如，上海天文馆的天文研究中心设有专业的陨石研究实验室，学生可以在这里进行实践探究。中国科学院上海天文台天文学实践工作站充分挖掘上海天文馆这一实践点的教育资源，与其合作开设了"来自身边的陨石——微陨石"和"普通球粒陨石的矿物岩石学特征研究"等课程，让学生亲身参与探究活动和研究项目。又如，华东师范大学生物学实践工作站与上海自然博物馆合作，利用场馆展览共同开设课程，展示动植物标本和进行实验操作，让学生参与生物实验操作和数据分析。

（四）激活校际合作，拓展共赢新空间

校际合作的重点是师生间的交流与合作。项目以特定学科的工作站为桥梁，促进上海市相关学科特色中学之间的联合，加强校际合作，共享优质教育资源，共同培育学生的创新素养。学校可以安排教师互相观摩课堂教学，分享教学经验，提高教师的教学水平和创新能力；同时，组织学生交流活动，让学生互相交流学习经验和创新成果。市级总站和各工作站在推进过程中，适时组织站

点间的座谈交流活动,不仅关注学生管理、项目设计、教育评价和过程管理等方面经常遇到的问题,也探讨如何在科技方面实现更好的校际合作。以上海南汇中学和上海市上南中学为例,南汇中学建立了上海基础教育阶段领先的数字化天象馆,上南中学在云南建设了上海市中小学中唯一的远程天文台。在中国科学院上海天文台天文学实践工作站的协助下,两所学校实现了资源共享。南汇中学的师生可以参加上南中学的远程天文台使用培训并申请使用,而上南中学的师生也可以到南汇中学观摩体验数字化天象馆。

(五)提升高中科技社团活力与品质

在完成科学教育与教学任务的主战场——科学课堂之外,科技社团是科学教师完成科技辅导任务的重要阵地。在科学教师的指导下,学生积极开展科技创新项目,不仅开阔了科学视野,培养了科学兴趣,还全面提升了创新意识和创新能力。调查发现,高中阶段的学生虽然天文知识相对匮乏,但普遍对天文怀有浓厚的兴趣。在高中地理和物理课程中,零星的天文知识不成体系,难以满足学生对天文知识的学习需求。中国科学院上海天文台天文学实践工作站通过硬件和软件支持,协助作为天文特色学校的实践点中学优化天文社团的资源配置,丰富学校的天文科技资源,提升科技创新教育的内涵。这也是深化课程改革的有效途径和重要内容。例如,上海市上南中学是一所以天文教育为特色的区级实验性示范性高中。作为中国科学院上海天文台天文学实践工作站的实践点,上南中学依托实践点建设,凭借天文教育特色课程及活动获评 2020 年上海市学生科技创新社团。

随着一个个项目的顺利开展,学校的课堂文化也在悄然改变。

三、改善学校课堂文化

(一)创新教学策略,探索育人模式新路径

工作站倡导以项目化学习为引领、以志趣延伸为方向、以课题研究为载体、以多导师线上线下辅导为支撑的教学策略。以数学学科为例,许多学生困扰于其抽象性,但其实数学的抽象性正是其优点,只要抓住规律,就可以"指挥千军万马"。我们日常生活中看到的是具象事物,这些具象事物的共同特征就是抽象。数学的具象性无处不在,如何让学生掌握并运用总结归纳的抽象能力,是上海大学数学实践工作站一直以来试图解决的问题。工作站通过贯通教育,致力于从中学问题出发,引入大学数学的概念,从而揭示初等数学背后的大学数学思想。这种教学方法从思想源头改变了许多大学生和中学生对数学的看法,让他们从惧怕到喜爱,从只知道刷题到了解抽象数学的有趣,从避之不及到主动发现。该教学成果已被部分应用于上海市的中学数学课堂教学,使其向淡化应试、强化素质的方向转变。

（二）挖掘资源,满足学生探究能力提升和个性化发展需求

工作站充分挖掘高校及科研院所的实验室和工作室资源,满足学生探究、体验、个性化学习和发展的需求。2023 年,上海市长岛中学的多名学生在暑期参与了华东师范大学生物学实践工作站的活动,丰富了生物学的相关知识,并在教师的指导下开展现代生物技术综合实验,收获了个性化的科创体验。

（三）推广动态多元评价,培育学生科技创新素养

工作站以促进学生全面而有个性的发展为核心,建立了合格性指标和发展性指标两个维度的综合评价体系。这种动态多元评价模式重视包括开题报告、中期报告和结题报告在内的过程性记录,全面关注学生的学习成长经历,发现学生需要个性化指导的问题,并及时给予支持和帮助,培育学生的科技创新素养,目前已被部分中学参考应用。

当学生在科技创新领域的积极性与创造力被充分调动起来后,实践点便着手遴选学校优秀学子,为他们搭建更高层次的发展平台。

四、遴选学校优秀学子

（一）建立早期人才识别和后备人才数据库

面对新形势、新任务和新挑战,工作站坚守初心使命,提升育人效能,助推

"五育"融合。从参与学生的情况可以看出,该项目为上海市各级各类学校的高中生提供了参加科创教育的机会,一条以科创教育解决教育公平问题的实践路径已逐渐清晰。工作站的网络化信息平台构建了所有参加工作站科创实践的学生的数据库,对学生在站科学探究过程(以视频、图片和文本形式的过程性数据为主)、高校录取情况及专业方向、科创活动成绩实现了初步跟踪。基于这些多模态数据,可以从不同维度和不同层次对学生进行全面评价,进而为高中生规划生涯发展、设定专业学科方向提供原动力,为大学招生录取提供依据,并为人才培养规律研究提供实例支撑。

(二) 发现和培养有潜质的科技创新后备人才

工作站为有志于投身科创事业的高中生提供了发掘兴趣潜能、明确未来志向、实现科学理想的实践和交流平台。相当数量的学生通过工作站的学习实现了质的飞跃。

在这些年的运行过程中,市级总站、各工作站和实践点反馈了学生取得的成果。工作站的实践学习也成为学生发展兴趣、实现理想的平台。例如,来自上海市崇明中学的倪雨清同学是 2016 年复旦大学基础医学实践工作站的学员。在工作站学习期间,她深深感受到"健康所系,性命相托"的责任,立志从医的她最终被录取为复旦大学上海医学院临床八年制的医学生。再如,2020 年华东师范大学化学实践工作站的一位优秀学员自小身体不好,科学探究是陪伴他走出人生低谷的挚友。他立志学习化学和医学,为更多的疾病找到解决方案。他的梦想是做一个快乐的、有温度的科研工作者。

第四章
由内而外的新实践

　　工作站的课程建设是专业性、个性化和实践性的高度统一，尤其突出实践性。课程并非一成不变的理论堆砌，而是要深度关联前沿科技与现实应用，让学生在实践操作中掌握专业知识、提升创新能力。课程形态丰富多元，能依据不同学生的知识储备和兴趣方向，定制适配的学习路径。课程内容不是一潭死水，而要紧跟科技前沿，持续迭代更新，始终保持活力。更值得一提的是，课程建设秉持开放理念，鼓励学生积极参与，学生的奇思妙想和创新建议都被融入课程优化中。多年来，一大批精品课程和优质课程诞生，成为工作站的宝贵财富。随着时间的推移，这笔财富正以几何级数增长，源源不断地为学生成长和科创发展注入强劲动力。

白玉兰的种子

——上海市青少年科技创新人才培养

课程为核：科创协同生态创新

　　上海市青少年科学创新实践工作站是上海在几十年青少年科创后备人才培养、科创教育理论和实践研究的基础上，通过近十年的探索形成的青少年科创拔尖人才培养与高中深化课程改革经验融合的结晶，是协同多元力量和社会资源助力科创拔尖人才培养的新高地。工作站项目是上海科创教育现阶段的发展目标，也是落实上海 2035 城市发展目标过程中的一个顶层设计的创新策源、一项科教融合的机制改革、一种育人模式的创新探索。

　　工作站落实科创教育理论和实践的最终载体是课程。培养科技特长生需要构建科技特色课程群，除国家课程外，还需开展理论类、方法类、技术类、专业类和课题研究类的"课程化"建设，并且需要高水平实验室等硬件和智力资源的支持。这种专业性、个性化和实践性高度统一的课程，是解决科创拔尖人才早期培养瓶颈性问题的一种方式，即从育人模式角度开发新课程、探索新教学，着力解决以往人才培养路径单一、课程内容陈旧、育人方式缺乏协同与创新等普遍问题。

　　从课程视角来看，这应该是在城市特色和发展目标指引下，社会与学校协同育人的模式成果；是在科创教育理论指导下，校内外课程相结合的实践成果；是以学生个体发展为本，围绕学生进行设计，改变以考试检验课程目标与学习成果的评价方式，激励学生主动学习和高质量地利用学习时间的经验成果。工作站的课程是科创教育融合其他学科知识的综合课程。在项目式的教与学中，课程内容和现实生活的时空距离得以拉近。科学研究和工程设计为中学生提供了提出新问题并为自己的学习经历指明方向的机会，使他们能看到更广阔的世界。以科学调查和工程设计为中心的课堂教学比传统教学方法更能有效地支持学生学习。这种课程意味着教师为学生提供了多种机会，使他们能展示推理能力并表达对自然界科学解释的理解。通过这些课程，学生将增加对世界运作方式的了解，加深对科学和工程学概念的理解，并提高推理和解决问题的能力。

因此，工作站的课程建设应结合青少年科创教育工作的实际情况，关注高中生的心理和生理特点，运用学习科学、认知科学、教育心理学等理论，采用分类策划、循序渐进的思路，注重过程、强化实践、整合资源、多方联动，科学记录并进行全面评价。自 2016 年起，在市级总站和专家委员会的领导与指导下，各工作站深入研究适合高中生课外科技创新教育的课程体系建设和完善。一大批精品课程和优质课程诞生，成为工作站的宝贵财富，且这种财富还在以几何级数递增。

从科创教育的长远效应来看，当前的学生将是支撑国家 2035 年及 2050 年发展目标的生力军。他们所需要的综合能力正是目前基础教育提倡的核心素养，也是面对未知世界所应具备的关键能力和必备品格。这些能力、素养和品格的形成需要通过多学科融合、理论与实践结合的方式来实现，而科创教育正是最佳途径。然而，科创教育在学校校内教育体系中仍受到课时、师资和条件等因素的限制，难以有效发展，也无法满足不同学生的发展需求。

相比之下，工作站完全不受校内科创教育的束缚。在大师的指导下，学生能够真正遵从内心，从兴趣出发，将课内知识延伸到课外课题。在培养学生核心素养的过程中，工作站与校内教育珠联璧合，相得益彰。工作站课程采用研究性学习的方式，侧重培养学生的创新思维和科学探究能力。研究性学习是一种"问题解决学习"，是一种通过解决问题的方法来发展问题解决能力的学习形态。在中学课内教育中，受课时和课程进度的限制，绝大多数学校无法设计满足研究性学习需求的课程。部分学校即使在校本课程的建设和实践中已经落实了研究性学习的精髓，但受限于师资水平和实验实践条件，往往难以满足学生解决开放式问题的研究需求，从而使课程的教学质量大打折扣。

工作站的学习是高中生学习生涯中一次难得的较为完整的科学研究活动体验。这种类似学徒式的经历对他们当下学习和未来发展都大有裨益。在修读过程中,高中生能够针对一个生物学现象进行有效思考,逐步理解科学探究的意义和方法,了解实验室安全教育的内容及仪器设备的使用方法。通过与人和文献交流,他们学会了如何作出恰当的判断,制定合理、有效、可行的实验方案,掌握基本的数据处理技能,独立完成一个小课题研究,并能公开展示和介绍研究成果。在学习过程中,高中生不仅能从大师和导师的身上汲取科学家精神,还能在与年龄相近的本科生、硕士生、博士生、国际生的接触中感受到朋辈的引领。这种经历对高中生学业生涯和职业生涯的引导作用不言而喻。

小雅是一位充满活力和好奇心的中学生,她的科创之路始于一次与蠕形螨感染的不期而遇。那段时间,小雅的脸上总是布满痘痘,她尝试了各种药物,但效果并不理想。这段经历反而让小雅对蠕形螨产生了浓厚的兴趣,她迫切想要了解这种微小生物是如何在人体内"兴风作浪"的。在强烈的求知欲的驱使下,小雅选择"蠕形螨感染的调查研究"作为自己的科创课题,并组建了一个志同道合的团队,开启了这场充满挑战的科研之旅。

在研究初期,小雅和团队成员决定"溯源治本",深入探究蠕形螨的生物学特性。他们利用互联网资源,广泛收集蠕形螨的相关资料,并查阅了大量文献,了解到人体蠕形螨主要分为毛囊蠕形螨和皮脂蠕形螨两种。这些微小生物在全球范围内广泛分布,特别喜欢寄居在人体的皮脂腺、毛囊腺和眼睑板腺中。油性、混合偏干性或中性皮肤的人群容易成为蠕形螨的"温床"。掌握了蠕形螨的基本知识后,小雅带领团队着手进行实地研究。他们设计了一套详细的实验方案,采用透明胶带法采集蠕形螨标本。在实验过程中,他们为志愿者分发实验器材,并仔细指导他们如何正确采集标本。为了确保实验的准确性和可靠性,他们还特别邀请专家作为指导顾问。

在实验室里,小雅和团队成员借助显微镜细致地观察每一份标本。他们用手机记录下螨虫在显微镜下的真面目,这些微小生物在放大镜下展现出惊人的形态和强大的生命力。然而,在实际操作过程中,他们遇到了诸多挑战。有时,他们难以在标本中找到蠕形螨的踪迹;有时,他们又难以将蠕形螨与皮屑等其他杂质区分开来。但在老师的悉心指导下,他们逐渐克服了这些困难,掌握了实验技巧和方法。经过数月的艰苦努力,小雅和团队成员终于完成了对蠕形螨感染的调查研究。他们不仅揭示了蠕形螨在人体内的分布情况和活动规律,还深入探究了其致病机制。通过对比分析不同人群的蠕形螨感染情况,他们发现油性皮肤人群更容易受到蠕形螨的侵袭,而蠕形螨的过度繁殖会导致皮肤出现红肿、瘙痒等症状。此外,他们还提出了一些可能有助于防治蠕形螨感染的方法和建议。

这次调查研究让小雅收获颇丰。她不仅掌握了丰富的蠕形螨理论知识,还锻炼了团队合作和逻辑思维能力。在探究蠕形螨在人体内的活动规律和致病机制的过程中,她逐渐对医学和生物学产生了浓厚的兴趣。她意识到,医学研究不仅能帮助人们解决病痛问题,还能为人类的健康和福祉作出巨大贡献。更重要的是,这次研究为小雅今后进入医学院深造和从事医学类工作奠定了坚实的基础。她深刻认识到科研工作的严谨性和挑战性,也明白了作为一名科研工作者,必须具备独立思考、锲而不舍和求知的精神。这些宝贵的经验将伴随她踏上未来的科研之路。在研究过程中,小雅还学会了如何撰写研究报告。起初,面对上千字的报告,她感到非常迷茫,无从下手。但在邵红霞老师的指导下,她逐渐明确了报告的大纲和结构。她学会了如何围绕主题提取关键词,避免表达过于复杂和混乱。同时,她还学会了如何按照计划或大纲进行阐述,用真实证据支撑观点,并用正式语言清晰表达。这些技能不仅提升了她的逻辑思维和表达能力,还让她在日常学习中更加得心应手。

回顾这次科创之旅,小雅感慨万千。她深刻体会到科研工作的艰辛与不易,同时感受到科研带来的成就感和自豪感。她明白,科研过程不仅是一项技能或知识的学习过程,更是一种精神和态度的培养过程。在此过程中,她学会了独立思考、锲而不舍、团结协作、勇于探索,这些品质将伴随她走过未来的学习和生活之路。正如小雅所说:"奋斗没有终点。"这也是工作站希望每一位学生都能养成的科学素养。

课程的受益对象是高中生,因此课程建设者应该了解并尊重高中生的实际情况,换位思考,切忌拔苗助长。工作站的课程建设应基于不同领域的科学研究。首先,设计者应了解大脑的结构、功能和活动方式,因为大脑是学习的器官和工具;其次,应理解青春期高中生的特点,充分发挥大脑发育高峰期的优势;最后,应具备心理学的基本知识,从而更好地认知和学习,科学地设计课程并改进教学。

学习是神经网络接收与加工外部世界通过感受器传递过来的信息,并通过改变自身结构引起行为变化的过程。其中,信息的存储和提取过程叫作记忆。青少年时期,大脑主要通过髓鞘化和突触修剪构建神经网络,此过程可以简单地概括为"用进废退"。知识的有用性、重复与兴奋是提高神经网络构建的两个关键因素。在课程设计中,知识的有用性尤为重要,尤其在信息化和人工智能迅猛发展的当下。此外,适应性学习能力和创新能力是课程设计中需要重点关注的两方面。

青春期学生的心理变化特征是自我意识的觉醒,这一过程是学生围绕自我构建意识世界的起始阶段。其目的是让学生获得对自己经验的感觉和对所知事物意义的理解,从而在未来面对复杂、未知情况时,能够基于自我意识做出自主决策。

学习科学的发展完全建立在生理学和心理学的基础上。因此,该阶段的学习要注重认知模型的建构,并注重在建构过程中培养思维能力。简单来说,就是要能科学地表征知识,即用专业的语言进行交流与沟通,然后基于已有知识建构学科或知识的模型,借助模型进行预测和决策,最后能够进行检验和修改。

工作站项目旨在培养青少年科创拔尖人才,基于创新精神与实践能力的综合素质要求,通过衔接高中与大学的学科专业知识,实施"一站多课、一人一策"的差异化培养策略,构建了跨学科实践性课程体系。该项目致力于强化创新思维与关键能力,同步塑造青少年学生的科学精神与学术道德。

在充分了解学生、了解学习、了解大脑的基础上,工作站课程形成了较为完整的课程体系,包括基础课程(2 个单元,8 课时)和研究课程(8 个单元,32 课时),且以课题研究为主。基础课程通过带领学生深入本学科科研实验室、走到科学家身边,让学生学习学科前沿知识,了解实验室安全教育的内容及仪器设备的使用方法,提高学生对本学科的兴趣。课题研究以"体验、完成一项完整科研小课题"为重要任务,设立了 10 个与本地城市发展和居民生活息息相关的研究方向,要求学生经历从方案制定、开题报告、实验探究、论文撰写到结题答辩的完整学习过程。

研究课程是工作站的核心内容,选题标准一般要符合三个准则:研究问题的产生要合乎逻辑,具有真实的生活背景,并结合上海国际化大都市的特点;研究内容要具有较强的专业性,建立在高中生已有的人文科学和自然科学基础上,基于相关的理论,让学生展开分析和批判;研究结果要具有应用性,不能"空",让学生在体验科学研究的过程中,理解科学家做研究的意义和价值。

工作站课程初步形成了"课程与课改协同、课程与课堂一致、课程与课题和谐、课程与大师联动"的建设思路和特色,创建了一个让具有科学兴趣和创新潜质的高中生"在科学家身边成长"的新平台,促进学生将学科知识用于解决真实情境中的问题,深度推动高中育人方式变革。

课改引领，让课程资源更丰富

　　课程改革是工作站创新实践的核心驱动力之一，其核心目标是通过丰富的课程资源，为学生打造一个琳琅满目的知识宝库，满足他们对探索多元知识的渴望，进而为培养具有广阔视野和深厚知识储备的创新人才筑牢根基。在新时代对创新人才综合素质要求不断提升的背景下，单一、局限的课程资源显然无法满足学生的发展需求。工作站积极投身课程引领工作，深入挖掘各类优质资源，将学科前沿知识、生活实际案例、社会热点问题等融入课程体系，拓宽学生的知识边界，为他们提供源源不断的学习素材。通过这种方式，工作站激发了学生对科学创新的浓厚兴趣，让学生在丰富的课程资源中自主探索、发现知识，为后续的学习与创新实践奠定了坚实的基础。

　　在全面深化教育领域综合改革的过程中，核心素养成为引导基础教育领域课程实施和教学改革的总纲与方向。随着课程方案、课程标准的颁布与实施，一场以核心素养为导向的教学变革全面展开。对上海基础教育而言，改革既是巨大的挑战，也是难得的机遇。编写和修订基础教育各个学段的教科书、推进和完善综合素质评价体系、深化高等教育考试招生及培养就业的综合改革等各项涉及人才培养的工作，仅靠学校一己之力是无法完成的，需要整个体系的建设和支撑。工作站正是在这样的背景下，贯彻落实《教育部关于加强和改进普通高中学生综合素质评价的意见》（教基二〔2014〕11号）、《上海市深化高等学校考试招生综合改革实施方案》（沪府发〔2014〕57号）等文件精神，在已有基础上诞生的创新性产物。工作站的课程体系与上海的课程改革高度一致，围绕上海市高中生综合素质评价中的"创新精神与实践能力"培养要求，坚持高起点定位，以满足未来高端科技人才需求的创新能力培养为导向，是落实国家整体人才培养和教育改革目标的有效支撑手段之一。

一、基础教育课程教学改革进入核心素养导向的时代

在知识和信息高速发展的时代,教育对人的真正价值不在于知识的多少,而在于获取知识、应用知识的过程中人所具备的基本素质和修养,也就是素养。素养导向的教育更能体现以人为本的教育思想。核心素养是素养系统中具有根本性和统领性的成分,是人进一步成长的内核。基础教育课程教学改革旨在从传统的以知识传授为主的教学模式转向更注重培养学生的综合素质和能力的教学模式。核心素养导向的教学改革强调培养学生的创新精神、实践能力、社会责任感、人文素养和科学精神等综合素质,以适应未来社会发展的需要。

在核心素养导向的时代,基础教育课程教学改革主要体现在以下几个方面:课程设置更注重综合素养,教学方法更强调实践与体验,评价方式更注重过程与表现,教师专业发展更注重核心素养。也就是说,基础教育课程不再局限于学科知识的传授,而是更加注重培养学生的综合素养。通过跨学科整合和综合实践活动等方式,让学生在多领域、多角度的学习中提升综合素质。通过项目式学习、探究式学习、合作学习等方式,让学生在实践中发现问题、解决问题,从而培养学生的创新精神和实践能力。通过观察学生的学习过程、表现及作品,全面了解学生的学习情况和能力水平。简言之,基础教育课程教学改革旨在培养学生适应未来社会发展的综合素质和能力。通过课程设置、教学方法、评价方式和教师专业发展等方面的改革,可以更好地实现核心素养导向的教学目标。

然而,我们也必须看到,核心素养导向的课程设置要求极高。对于仍将考试作为主要评价手段的校内各学科教育来说,在改革过程中仍面临诸多限制。因此,工作站作为政府支持、高校和科研院所联动、与课程教学改革并行的重要平台,能够充分满足国家对人才培养的高标准要求。

二、工作站课程有效支撑综合素质评价

创新精神与实践能力是上海市高中生综合素质评价记录的四大内容之一,

主要反映学生的创新思维、调查研究能力、动手操作能力和实践体验经历等，重点体现学生参加研究性学习、社会调查、科技活动、创造发明等情况。工作站的课程从开发伊始就充分考虑了学生认知能力和知识结构的差异，根据每名学生必须承担一项科学研究课题的要求，创设了"一站一课程、一人一方案"的模式。

工作站课程通常实践性强、综合性强、创新性要求高，这些特点完全符合核心素养培养的需要，与创新精神和实践能力的评价同向，为综合素质评价提供了有力支撑。在工作站学习并顺利出站的学生都将工作站的实践经历填写到上海市高中生综合素质评价指标中。部分学生通过综合素质评价的方式进入高等院校继续学习。最早一批参加工作站的学生中，在国内外知名高校攻读并取得硕士学位的不在少数。

三、工作站课程培养学生职业意识

课程改革的重要任务之一是开展生涯教育、培养职业意识，其目的是帮助学生合理规划未来方向。高中是人生的一个重要转折点，学生们面临着选择大学专业和未来职业道路等关键决策。培养职业意识有助于学生提前规划自己的未来，明确职业目标和发展方向。从对学生的追踪中发现，工作站课程的学习让学生走进心仪学科的实验室，走到科学家身边，与科学家同行，感悟学科的魅力，这能有效帮助他们树立职业意向。当然，这种沉浸式体验也可以帮助学生更全面地了解自己的优点和不足，通过实践树立对学科的正确认识，从而重新合理规划并明确自己的发展方向。这对学生的个人发展极其重要。

工作站涉及的学科主要分布在理学、工学、农学、医学和艺术学5个门类，以自然科学类学科为主。其中，理学、工学和医学类工作站加起来占总数的近94%。重视理工类科创后备人才的培养，也体现了上海在解决国家"卡脖子"问题上的坚持。从兴趣出发，给予学生广阔的视野，培养他们的大局观，是工作站的重要使命。复旦大学计算机科学与技术实践工作站、上海交通大学网络空间安全实践工作站、同济大学交通运输工程实践工作站、华东师范大学地理科学实践工作站、中国科学院上海光学精密机械研究所物理学实践工作站等一大批国内领先的理工类学科纷纷敞开大门,开展针对中学生的科技创新实践培养。2024 年 1 月底,教育部提出明确要求:优化高校招生结构,引导高校加大理工科招生比例。可以看出,工作站的建设与人才培养方向和国家对科技人才的需求是一致的。

工作站课程通过引入实际职业场景和案例,让学生在学习过程中感受职业氛围,了解职业的特点和要求,从而激发他们对未来职业的兴趣和热情。在工作站的课程中,模拟真实的职业环境是培养学生职业意识的有效途径。学生能够在实践中体验职业角色,了解职业流程和规范,掌握职业技能。

 案例1

当法医是怎样的体验?
学生感悟:知道自己不适合,也是一种收获

高中生尝试当法医会怎么样? 这个暑假,来自上海崇明区、松江区、浦东新区、金山区的 12 名高中生走进复旦大学上海医学院的法医学实验室,与看似神秘而遥远的法医学专业近距离接触。法医不仅需要高超的医学技能,更需要非凡的勇气和毅力,这是他们对这个职业初体验后的感受。

自 2016 年开展上海市青少年科学创新实践工作站项目以来,全市目前共有 37 个工作站、148 个实践点,每年招收约 4440 名高中生。通过专业课程学习、对话权威专家、动手实验探究、实地走访调研、撰写课题论文、现场汇报答辩等环节,这些学生在实践中激活了心中科技创新的种子。

高中女生参与解剖小黑鼠

清晨五点半,上海市崇明中学的高一学生吴静志远就顶着高温出发前往复旦大学上海医学院。这个暑假,她也参加了上海市青少年科学创新实践工作站。作为小组长,她要与另外 10 名高中生一道,在复旦大学上海医学院法医学

专业导师的指导下,完成法医学课题"抗精神病药对心脏的毒性评价及毒理机制初探",简而言之,就是通过小黑鼠的实验数据了解药物的毒副作用。

经过近3小时的车程,吴静志远抵达复旦大学上海医学院。在12号楼的实验动物取材室里,长着一张娃娃脸的她面对一只只实验用的小黑鼠没有丝毫退缩。在课题组导师、复旦大学上海医学院法医学专业副教授李立亮示范了几次如何抓住并解剖小黑鼠之后,这些高中生们迫不及待地戴上医用手套。吴静志远站在距离李立亮最近的地方,她听得很认真,麻利地抓起实验小鼠,"看老师做挺简单,自己上手还是有点恐惧,没想到解剖的第一步——抓小鼠,还有那么多技巧"。

图4-1　学生们学习如何抓住并解剖小黑鼠

当天,这些高中生在医学院导师和研究生的指导下,参与解剖了18只小黑鼠,然后逐一按照要求完成实验并记录下各项实验数据。上午3个多小时,这些高中生穿着白大褂,弯腰埋头,站在不足10平方米的实验室里,认真地完成自己的任务。李立亮告诉学生:"这才是刚刚打开法医学大门的第一步。"

让每个学生都了解"神秘的"法医学的真面貌

近年来,越来越多与法医有关的影视作品在年轻人中流行,也让看似神秘的法医学专业逐渐进入大众视野。

李立亮表示,越来越多的影视剧向观众科普法医学专业是好事,"很多人误认为法医学就是解剖尸体。实际上,法医学可以分为法医病理学、法医临床学、法医精神病学、法医物证学和法医毒物学五大分支。这些分支中,至少有两个分支的主要工作是在研究室内做研究,和大家想象的并不完全一样"。

李立亮观察到,越来越多的女生开始对这一医学领域产生兴趣。2006 年李立亮读本科时,全班 12 名学生中只有 2 名女生。如今,复旦大学上海医学院法医学专业的男女生比例可达 1∶1。"萌妹子也能成为出色的法医。实际上,在法医学领域,不少做得好的医生都是女性。"

今年是李立亮连续第 9 年带教高中生参与法医学课题。令他感触颇深的是,确实有部分高中生在课题研究中深入了解法医学,并发掘了自己的兴趣。他回忆说,2016 年首次带教高中生做一项有关舌骨的课题探究时,有一名女生表现出了极大的兴趣。后来她不仅考入复旦大学上海医学院法医学本科专业,还顺利保送硕博连读。

图 4-2 学生们在实验室观察学习

创新实践不仅仅是为了点燃兴趣

"老师,小鼠的脑大概有多重? 我们如何才能取到小鼠身上的血液? 小鼠失血多少会导致失血性休克? ……"当天的实验环节中,上海交通大学附属中学嘉定分校的学生吴羽祺很是活跃。他一边进行动物解剖实验,一边向导师们提出各种问题。当记者以为他对法医学专业产生了浓厚兴趣时,这位身材高大的男生却直言不讳地告诉记者:"今天的解剖实验经历让我意识到,可能我并不适合学医。这样的实验偶尔体验一下还可以,但如果终日与这样的实验打交道,我还是很难接受的。"

李立亮说,参与科学探究的过程中,并非每个人都能找到契合自己兴趣的点。但通过暑期科学实践体验,能够了解自己"不适合"哪些科学领域,也是一种十分重要的收获。

他告诉记者,让这些学生通过实地观察和科学实验,并在完成实验报告的过程中,学会科学思考问题和解决问题的方法,感受科学精神,比完成报告本身更重要。"不论学生对学科是否有兴趣,只有学习和实践过程中的这些收获,才能助力他们抵达梦想的彼岸。"

 案例2

带着课题走进高铁模拟驾驶舱:从 1 到 1.1 也有其科研价值所在

一辆复兴号高铁列车从上海虹桥火车站开往杭州东站。如何安排行驶速度,才能让高铁能耗降到最低? 在同济大学交通学院轨道交通智慧运营实验室,10 名高一学生坐在高铁模拟驾驶舱里,化身高铁司机,"驾驶"列车飞驰在沪杭城际高速铁路上,探索如何解决这个问题。

将中学课堂上学到的物理公式运用到真实生活情境中以解决实际问题,是同济大学交通运输工程实践工作站带给这些高中生的首个挑战。

暑假期间,这 10 名高一学生要完成基于沉浸式虚实融合的"高速铁路速度提升与能耗降低的权衡分析"的课题探究。从理论学习到虚拟仿真驾驶实验,再到实操驾驶模拟实验,整个过程打破了高中生对科学研究的固有认知:"原来,科学研究并非都是探索从 0 到 1 的重大突破。如果能通过模拟对比实验,为降低高铁能耗、提高旅客出行便捷度和舒适度提供数据参考,从 1 到 1.1 也有价值的。"

图4-3 学生模拟驾驶高铁

找到生活中数理化公式的意义所在

"飞驰的高铁列车受到了哪些作用力?其中哪些力在做功?"在课题探究的第一堂课上,同济大学交通学院副研究员王芳盛率先抛出一个力学问题。受力分析与做功分析是中学物理课上的常见题型。"这些力是一直在做功吗?如重力、牵引力。""这些力是一成不变的吗?如空气阻力、摩擦力。"看着面前的高铁模拟驾驶舱,几名高中生有点踌躇不前:"这些知识在中学的物理、地理等课堂上都学过,但为什么应用在真实生活中却变得错综复杂?"

抛砖引玉的小问题是王芳盛的"别有用心","这是为了提醒学生,课堂上的许多知识其实是解决实际问题的基础,更是科研探索和创新的起点。中学课堂所学的科学原理、数学逻辑和思维方法,都是解决实际问题的关键工具"。

上海市徐汇中学的高一学生王子涵一直对工科有着浓厚的兴趣,并在高中选修了交通运输模拟驾驶相关课程。但是,她的第一堂实践课却多少有些"不完美"。她一字一句记录下王芳盛老师讲解的模拟驾驶启动步骤,然而当自己坐在驾驶位前,按部就班地照着操作步骤实施后,"火车"竟然一动不动。"原来,场景不同,驾驶员需要根据实际情况调整启动方案。"这给王子涵上了一课:

实践远比书本上的理论复杂得多,除了记住相关的数理化公式,还要结合复杂多变的实际环境,制定有针对性的解决方案。

让生活更美好的微小改变,也是科研的价值

这些高中生第一次迈入实验室开展课题探究,通常都有些畏难情绪,但是随着研究的逐步开展,他们往往从自己产生的疑问中找到了不断推进研究的热情。

周泽儒在操作高铁模拟驾驶系统时觉得很是有趣,但一想到要写课题报告就有点不自信,不知道自己的研究是否能够产出"惊天动地"的成果。不过,随着研究的深入,周泽儒的奇思妙想不断涌现:"高铁列车现在的限速是 350 千米每小时,如果将列车限速改为 250 千米每小时,将对高铁列车的运行时间和所需能耗产生哪些影响?"只要学生有新的想法,王芳盛老师都会鼓励他们勇敢地在高铁模拟驾驶实验中进行实践与论证。

图 4-4　学生们听老师现场讲解

"我们这些课题探究,既不能快速提升高铁运行的速度,也不能大幅改善高铁运行的现状,科研意义何在?"面对高中生的疑惑,同济大学道路与交通工程教育部重点实验室、交通运输工程上海市实验教学示范中心常务副主任洪玲教授直言,科学研究既有从 0 到 1 的重大理论突破,也有面向工程实践需要、以实

验结论为相关部门提供参考的扎扎实实的探究,这些都是科研工作者不断探索的价值所在。

课题探究为高中生补上生活经验一课

同济大学交通运输工程实践工作站依托交通运输工程一流学科的教学和科研资源,已经连续 6 年面向高中生开设工科类创新实践课程,初步探索"科研—科普"协同创新模式,培养学生从对科学问题的兴趣上升到对科学研究的志趣。

王子涵想要研究天气因素对高铁列车行驶速度和能耗的影响。她发现,与课本上的理想实验数据不同,真实生活中,高铁在行驶时常常会受到天气、地形甚至行驶区域等各种因素的影响,想要做出一组能在真实生活中应用的研究,并没那么容易。"我尽可能控制变量,可实验过程中总是会遇到突发状况,每次测量的数据都有出入。刚开始的几次实验下来,我快崩溃了。"但是,随着研究的深入,她逐渐发现,只有正视部分实验因素存在的误差,才能让实验顺利进行下去。

"让高中生参与课题实践,不仅要传递最先进的科学理念,更关键的是传递一种科学研究的思维方式。基于现实生活的课题探究,不仅要掌握书本理论,还要补上生活经验这一课。"学生们的点滴进步,让洪玲教授看到了从科研项目到中学生创新研究课题的"科研—科普"协同创新实施路径的意义所在。

(以上案例转载自《文汇报》专题报道,文:张鹏)

进一步分析工作站课程与课程改革的协同关系,可以发现,在两者相互促进、相互支持的过程中,这种协同关系有助于提高课程的质量。尤其是以实践为导向的工作站课程,在具身体验中能够无与伦比地满足学生和工作站的需求,其对整个基础教育课程改革的启示,以及对促进学生充分发展学习路径的认识,都得到了提升。

课堂筑基，让课程形态更多元

当丰富的课程资源得以汇聚，如何将这些资源以更有效的方式呈现给学生，成为亟待解决的问题。构建多元化的课程形态，是工作站深化课程实践、提升教育质量的重要举措。这相当于为学生搭建了一座四通八达的知识桥梁，帮助他们跨越不同的学习领域，以更灵活、更主动的方式汲取知识养分，全面提升综合素养。传统单一的课程形态往往限制了学生的学习体验与思维拓展。为此，工作站通过创新设计，推出项目式学习、探究性学习、线上线下混合式学习等多元课程形态。这些不同的课程形态适配不同的学习内容与学生学习风格，让学生能够在多样化的学习场景中充分发挥自身优势，培养自主学习能力、团队协作能力和创新思维能力。通过这种方式，课程资源被切实转化为学生成长的动力，为创新人才的培养筑牢根基。

工作站课程与校内教育的目标不同，在形式和内容上都有独特之处，但它仍然属于基础教育的范畴，需要遵循教育规律并与学生发展规律相契合。因此，工作站课程在教育过程上与课堂教学存在很强的相关性和一致性，甚至可以看作对学生自主学习、探究性学习、合作学习等方式的拓展和延伸。它有助于学生在科技实践中掌握科学知识和提升技术应用能力，并增强问题解决能力。无论是培养学生在科技创新领域的核心技能和品质，还是推动学生的全面发展和个性化成长，这种教育理念的目标和价值在校内与校外均保持一致。

实现课程与课堂教学的一致性，需要关注课程目标、课程内容、课程实施、课程评价等多个关键环节。通过确保这些环节的一致性，能够有效落实教育目标，提升教学效果和学习效果，保障学生所学内容与实际教学过程中的体验和应用紧密相连。这对学生的学习效果、教师的教学质量以及教育目标的达成具有至关重要的意义。

一、目标的一致性

在《上海市科普事业"十三五"发展规划》中,工作站被定位为科普基础设施,其核心任务是提升职前人群的科学素质,增强创新意识和实践能力。工作站聚焦高中阶段学生志向、兴趣、潜能逐渐明晰的关键期,着力培养高质量科技创新后备人才。基于此,各相关单位的课程目标基本围绕激发学生兴趣、挖掘学生潜能、促进志向形成展开。在落实目标的过程中,课程目标与课堂目标的一致性至关重要,它确保了教育内容的连贯性和有效性,有助于学生全面、系统地掌握知识和技能。

课程目标与课堂目标紧密关联。课程目标是在国家和地方对人才发展需求的基础上,结合市级总站的目标要求,依据各工作站的学科背景和培养任务来确定的。课堂则是落实课程目标的具体载体。课堂目标作为课程目标的细化内容,需要合理组合以形成课程目标;同时,课程目标也应能够拆解并落实到每一次课堂活动中。

实现课程目标与课堂目标的一致性,要做到目标明确。在课程开始之前,需确保所有教师都清楚了解课程目标,包括学生应掌握的知识和技能。同时,要将课程目标、课程任务和评价方式明确地传达给学生,让他们了解学习重点和预期达到的学习成果。工作站以研究性学习为定位,旨在培养和发展学生的科学思维和科学探究素养,通过在现代科技前沿与学生已有知识技能之间建立联系,深化学生对知识的理解。这就要求在课堂教学中融入大量前沿知识和先进技术,引导学生接触先进仪器和装备。

此外,实现课程目标与课堂目标的一致性还需关注真实情境的价值。以学生为中心,充分考虑他们的生活经验、认知基础和学习兴趣,立足上海城市特点,设计真实情境,从实际问题出发,帮助学生提高灵活应用知识的能力,形成有效的问题解决和推理策略,并发展他们的自主学习技能。课程内容应反映学生的创新思想、调查研究能力、动手操作能力和实践体验经历,满足学生开展跟进式探究的需要。

下面是一个关于"家庭实验室"的故事。

马为民教授是上海师范大学生命科学学院副院长,同时也是上海师范大学生物与环境实践工作站站长。他的教学工作非常繁忙。但即便如此,他仍然常常往实验室跑。辅导完大学生的实验之后,马教授当天还有一个新的任务——和一名高中生进行网络视频连线。屏幕的另一端是一个特别的实验室。马教授也没想到,自己的实验室竟然可以拓展到居民楼里。马教授最初想到让学生在自己家里做实验,是因为居家学习的需要。这些无法进入大学校园、被屏幕隔开的高中生们对知识充满渴望,这促使马教授认真思考摆脱物理空间限制去做实验的可能性。

上海师范大学生物与环境实践工作站每年招收动物学、植物学、微生物学、生化和分子微生物学4个专业共计120名高中生学员。这些对生物和环境课题有着特别兴趣和专长的高中生原本可以走进大学的实验室,提前开启自己的科学探究之旅。然而,现在实验室的门暂时关上了,正在进行的课题该如何继续呢?在与学生们的线上讨论中,马教授深入了解了大家对课题的见解以及他们的家庭环境。讨论的焦点集中于一个核心问题:既然微生物无处不在,那么是否可以利用身边的资源,在家中继续进行实验?这个想法一经提出,便迅速转化为行动。专家的指导和实验室的资源通过网络延伸至每个学生的家中。

通过屏幕,马教授耐心地指导学生们如何在家中创建简易的实验环境,如何选择和处理实验材料,以及如何进行安全的实验操作。学生们的积极性和创造性得到了充分的激发,他们在厨房、阳台甚至客厅里搭建起一个个微型实验室。来自家庭的支持也让马教授大吃一惊。家长们找来各种原材料,帮助孩子继续进行实验,得到的数据也比较令人满意。这也是上海师范大学生物与环境实践工作站的辅导教师们在教学生涯中的新收获。即使在居家学习结束后,家庭实验室依然延续了下来。家人的参与和鼓励大大激发了学生的热情,随时可以观察和记录也提高了实验的效率。唯一的问题是,学生们晚上11点也会连线老师提出各种问题,但老师们也都笑着接受了。谁能拒绝一颗种子蓬勃生长的力量呢?

立德树人是课程和课堂的一致目标。课程以学科为重要载体,注重兴趣驱动和过程体验。课程内容不仅要体现跨学科要素,还应融入社会主义核心价值观,引导学生树立远大理想和崇高追求。通过课程学习,学生可以与科学家同行,在科学研究过程中形成崇尚科学、尊重客观事实的态度,树立规则意识,提高责任心,具有正确的价值判断能力,提升个人修养水平,形成正确的学术道德观念。

下面再讲一个与"黑洞效应"相关的故事。

姚启明教授是全国劳动模范、全国首批大国工匠培育对象,也是同济大学博士生导师、同济设计集团副总工程师、上海智慧交通安全驾驶工程中心主任,被誉为"中国赛道设计第一人"。姚教授团队负责指导同济大学交通运输工程实践工作站其中一个课题组。2023年的课题是"隧道入口处的'黑洞效应'"。学生们在了解基本原理后,开始深入探讨这个看似平常的现象中蕴含的科学问题。这种将科学与日常生活相结合的方法,增进了学生对科学的亲近感,从而激发了他们的好奇心和探究欲。

姚教授在一次总结会上提到:"当我们把思路局限在通过改变隧道内外光环境来缓解'黑洞效应'时,有位同学提出可以用一种'变色的汽车玻璃'来解决这个问题。这一点超出了我们的预想,让我们非常惊喜。为了鼓励学生的科创热情,我们和学生一起把这个大胆的设想转化成一套完整的解决方案。我们提出了为车辆增加智能感知光照强度的感应片,实时调整汽车玻璃透光率的智能装置,并建立了一套挡风玻璃与光照强度之间的关联公式和参数。现实世界里实现不了没关系,可以借助我们工程中心的多模态安全建设仿真实验平台,在计算机模拟仿真环节中实现这一方案。让学生自己动手验证,不断优化调整,最终实现在虚拟现实中通过变换汽车玻璃的透光参数解决'黑洞效应'的科学方法。这种思路和方法是平时在课堂上学不到也做不到的。虽然这个想法目前还无法实现,但随着材料科技的发展,谁又能说未来不会成功呢?可见,教学相长,同学们的创想也给我们带来了许多启发。"

2024年,姚教授团队负责指导课题"基于多模态联合仿真平台的行人过街安全改善方法研究"。这个贴近生活、充满趣味的科创课题吸引了全市 9 所高中的优秀学子。凭借对科学的热情和对探索的渴望,他们不惧高温天气的挑战,与课题指导教师团队一起踏上了奇妙的科学探索之旅。

姚教授经常对工作站的老师们说,学生是这个民族最具创造力的群体,以后也会成为国家发展新质生产力最活跃的要素。"如何培养富有创造力的学生,是我一直在思考和探索的问题。在日常教学实践中,我尽己所能地给予学生自由探索的空间,鼓励他们天马行空地提问,充分发挥他们的创造力和想象力,引导他们将学术问题、科学问题与日常生活相结合,让抽象的知识变得生动有趣。"

"科学前沿问题就在你我身边。"针对小学生、中学生、大学生、研究生等不同群体,姚教授团队会采用不同的方式引导他们发现问题并提出问题。"例如,在青少年科创实践中,我会从身边最朴素、最平常的现象出发,通过挖掘背后的科学原理,带领他们发现日常生活中许多至今仍未解决的科学问题,以此激发他们对科学的亲近感和好奇心。通过他们自己提出的天马行空的设想,带领他们动手探究问题的本源,和他们一起动手搭建试验平台、寻找解决方案,培养他们的科创兴趣,增强他们的自信心。"

姚教授表示,工作站的青少年科创实践课题都以小组为单位开展,包括调研、头脑风暴、理论学习、试验优化、报告撰写、成果展示等阶段。这是一个互相学习、互相帮助、共同进步的平台。在探索过程中,每位学生都会提出自己的奇思妙想,通过交流、提问、讨论,形成各自对科学问题的独特见解。这种方式不仅培养了学生的团队协作能力,还让他们更加善于发问并保持对知识的好奇心。

姚教授以"启迪智慧、滋润心灵、携手创造"的理念,研创了覆盖幼儿园、中小学、高校的系列课程。这些课程旨在激发好奇心、探索欲和提问能力,培养创新精神,增强时代使命感,探索从科普、科创到科研的"科创实践育人"创新人才培养模式。

二、内容的一致性

课程内容是教学的基础,而课堂是实施教学的载体。课程内容应围绕教育目标和学生的实际需求进行设计。而在课堂上,教师需要根据学生的个体情况因材施教,采用合适的教学方法、教学资源和教育工具,帮助学生构建不同学科的认知模型,激发他们的学习兴趣,提升他们对学科的理解和认识水平。这就要求课程内容的设计必须站在学科的高度,以科学哲学的方式合理总结学科特质,并在教师团队中达成共识,最终落实到课程内容和育人行动中。

工程学是一门应用科学,是将自然科学的理论应用到具体行业领域的各学科的总称。工程有广义和狭义之分。从狭义角度讲,工程是按照一定目标,运用相关的科学知识和技术手段,将现有实体转化成有价值的产品的过程。机械工程作为传统的工科专业,除了主要围绕机械系统进行分析、设计、制造外,如今已与电子、通信、人工智能等诸多学科领域有了广泛的融合。上海交通大学机械工程实践工作站帮助学生获取对"大工程"的基础了解。通过在机械相关实验室和实践场所的学习,学生可以提升实践规范和安全意识方面的素养。在兴趣的引导下,学生增强了动手实践能力,启发了创新思维,能够围绕发现问题和解决问题,实现"构思—设计—实现—验证"的工程全过程。该工作站开设了17 个研究方向,课程内容与高中生核心素养相对照,以兴趣为先导,多举措打开兴趣之门,知行合一,理论与实践相结合,以项目式课题提升实践能力,锻炼综合性问题的解决能力和创新思维。

表 4-1 上海交通大学机械工程实践工作站课程内容与高中生核心素养对照表

高中生核心素养			工作站培养考核对照表现(＊表示重要度)	
文化基础	人文底蕴	人文积淀		
		人文情怀		
		审美情趣	＊	工程项目的整体设计
	科学精神	理性思维	＊＊＊	工程知识
		批判质疑	＊＊	项目调研
		勇于探索	＊＊＊	提出项目方案

（续表）

高中生核心素养		工作站培养考核对照表现（＊表示重要度）	
自主发展	学会学习	乐学善学	＊＊＊	主动学习，寻求答案
		勤于反思	＊＊＊	分析问题，反思结果
		信息意识	＊＊＊	多渠道查阅资料
	健康生活	珍爱生命		
		健全人格		
		自我管理	＊＊	课外自我规划研究
社会参与	责任担当	社会责任	＊＊	项目意义和价值
		国家认同		
		国际理解		
	实践创新	劳动意识	＊＊	动手实践
		问题解决	＊＊＊	项目方案的实现
		技术运用	＊＊＊	多种技术运用

三、评价的一致性

评价是对教学效果的评估，是对课程目标达成度的检验，也是促进教育教学质量提升的方法。评价应建立科学的评价体系，包括对学生知识掌握、能力发展和情感态度等方面的评价。工作站的评价从立德树人根本任务出发，实施"三个一"策略，关注学生完成课程后达成的正确价值观、必备品格和关键能力的"增量"。

一次完整的科学经历：学生能够完成全部40课时的学习任务。在科学研究过程中，能够坚持下来就是最大的成功，特别是在面对各种复杂、耗时、需要持续高度集中精力的课题时，持之以恒是关键，来不得一点儿偷懒，否则就会前功尽弃。正确面对、合理应对是工作站学习对学生最大的锻炼，也是学生适应未来未知世界的基本保障。

一份科学的研究成果：学生最终能够形成一份规范的研究报告。在工作站的学习过程中，学生能够在教师设定的大方向下，通过提出小课题、建立研究方案、实施研究、数据记录和结果分析等一系列环节的锻炼,参考科学文献,尝试撰写出一份逻辑合理、格式规范的研究报告。

一套全面的评价模板:建立考核要素齐全的分阶段文字评价模板。在市级总站对学生评价规则的建议中,建立开题、中期、结题的评价模板,具体内容包括:(1)学科基础理论知识的掌握程度;(2)课题研究论证是否符合基本学术规范,逻辑是否合理,表述是否清晰;(3)综合创新能力与动手实践能力;(4)科研的执行力和责任心;(5)科研道德水平。使用不同的定语进行分类,如"基本完成""良好完成""独立完成并提出独到见解",从而对学生的能力进行区分。

华东师范大学生物学实践工作站充分发挥生物学和教育学的学科优势,运用教育学的研究方法开展针对高中生科学探究能力培养的实践研究。结果显示,2020年华东师范大学生物学实践工作站接受问卷调查的70名学生的科学探究能力显著提升。在科学探究能力包含的五个维度中,"提出问题、实验设计、实验实施、得出结论"四个方面均有显著提升,其中实验设计能力提升程度最大;合作交流能力与科学态度方面则无显著变化,提升程度相对较低。在性别方面,不同性别学生在参加工作站前和课程结束后的科学探究能力均无显著差异。在学习背景方面,有相关经验的学生在参加工作站前的科学探究能力显著高于第一次参加类似课程的学生,但课程结束后两者的科学探究能力已无显著差异。这说明工作站能弥补没有经验的学生在科学探究能力上的不足,且两类学生在实验设计能力上都取得了较大进步。在同一时期内对学生的科学探究能力进行横向分析,结果显示:科学探究能力各维度之间、各维度能力与总能力之间的成绩在前测和后测中均呈现显著正相关;在不同维度能力水平上,参加工作站前后均显示学生的实验实施能力、合作交流能力与科学态度维度水平相对较高,实验设计能力和提出问题能力水平相对较低。这说明工作站在培养学生科学探究素养方面达成了目标,其中学生提出问题、设计实验和得出结论三种能力得到了显著提升。

工作站定期对学生的学习情况进行评估,以了解他们是否达到课程目标。同时,根据评估结果,调整教学策略和方法,提供及时的反馈和指导,以提高学

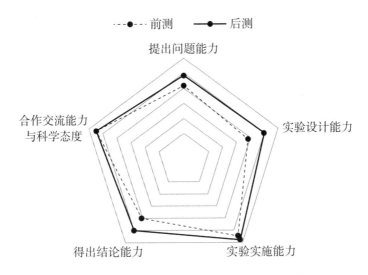

图 4-5 科学探究能力评价问卷前后测得分雷达图

习效果,确保课堂与课程的一致性。例如,中国科学院上海天文台天文学实践工作站编制了问卷,对学生进站前后的学习过程进行调查分析。结果显示,参加工作站前,学生参与天文活动总体较少。参加工作站后,学生不仅增长了天文学知识,还获得了科学研究的实践机会。此外,学生在高考志愿填报中选择天文学及与天文学相近专业的人数有所增加。这说明工作站的学习体验对学生未来志愿的选择产生了积极影响。

工作站的机制体制也为各单位开展青少年科创后备人才培养提供了交流和培训的平台。多年来,市级总站每年组织多场教研及业务培训,通过分享交流、扩大影响、增进共识等方式促进工作站高质量均衡发展。

课题创生，让课程催生新思考

在丰富的课程资源与多元的课程形态的基础上，课题创生是工作站课程实践向纵深发展的必然路径，也是培养学生创新思维和实践能力的关键环节。它如同在知识王国里种下一颗颗探索的种子，以课程为土壤，催生出新的思考与发现，助力学生从知识的被动接受者转变为主动探索者，深度挖掘自身的创新潜能。工作站鼓励学生基于课程学习，结合自身兴趣与生活实际，自主提出课题研究方向。在这一过程中，学生需要运用所学知识，对现实问题进行分析、归纳与提炼，进而开展深入研究。这不仅促使学生将课程知识进行融会贯通，更激发了他们的创新思维，培养了独立解决问题的能力。课题创生所带来的新思考，让学生在探索未知的道路上不断前行，为成为具有创新精神的高素质人才积累宝贵经验。

工作站课程具有极强的实践探究特色，其创新性、个性化特征也尤为显著。这样的课程具备延伸、发散的潜力，能够发展为一系列持续时间长、科研周期完整的课题。从科创后备人才培养的规律中可以发现，在类似科学研究的过程中，深度体验科研工作者的研究历程，对学生适应性学习能力和创新创造能力的培养非常重要。课程本身具有学科性，成体系，系统性强，是教与学的统一，学生主要扮演接受者和学习者的角色。而课题需要跨学科能力，更具灵活性和多样性，虽然研究方法有规律可循，但过程严谨，教师和学生都是未知的，扮演同向而行的探索者和研究者的角色。因此，课题往往涉及实际问题和挑战，与学生的日常生活或未来职业紧密相关，更易于达成兴趣驱动的学习目标。学生能够在实践中感受到知识的价值和实用性，从而更加主动地参与课堂活动，提高学习效果。

对于由课程学习延伸出来的课题，学生能够在课程学习的基础上，通过课题实践进一步深化对知识的理解和应用。而且,在课题实践中综合运用多个学科的知识和技能,能够有效加强知识之间的整合与联系,形成更广泛的知识体系。这正是深度学习的体现。此外,工作站的多样性和课题的灵活性为学生提供了展现个性和特长的机会,有助于学生实现个性化学习与发展,同时更好地认识自己。当学生经过一段时间的努力完成课程学习和课题研究后,他们能够在实践中收获成就感和满足感。这种积极的学习体验不仅激发了学生的学习热情和自信心,还实现了课程思政的目的。

工作站课程所延伸出来的课题"创新"是高中生的个人创新,这与在科技、社会领域所创造的前所未有的创新有所不同。个人创新旨在鼓励和帮助学生去做他们从未想过、从未做过的事,也就是在他们的头脑中构建新的认知模型,培养他们的创新能力,为他们未来参与科技、社会领域的真正创新奠定基础。因此,应当基于已知科学研究,从材料、对象、方法等方面进行符合学生认知规律的设计,激发学生的学习内驱力,引导学生与同伴合作,形成独特的以兴趣为导向的研究小课题。在此过程中,聚焦创新思维、调查研究、动手实践、交流合作等问题解决关键能力的培养。

课题研究是研究性学习的主体阶段。在导师和助教的精英培养模式下,采用生成性教学策略,学生能够自己安排和控制研究活动,从而在学习过程中占据主动处理教学信息的地位。课程内容遵循规范的科学研究流程(见图4-6),研究过程的每一个步骤都清晰明确——制定方案、实施方案、分析并解释数据。即从问题出发,确定问题的价值,提出假说,接着进行验证,修订假说,继续验证。

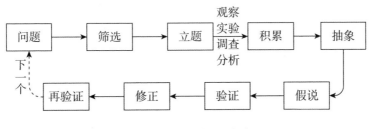

图4-6　规范的科学研究流程

第一，提出问题。这是课题的起点，也就是通常所说的"选题"。选题并非凭空产生，而是要符合标准，具有科学性、可行性、实用性和创新性。提出的问题应当来源于真实情境，具有生活背景。在导师的指导下，学生需了解本方向学科领域的相关研究进展，借鉴同类研究的方法和技术，进而设计实验方案。例如，"浴缸水温恒定模型""家居控制系统开发""不同水凝胶敷料对烧伤效果的影响"等选题，都是从解决实际问题出发而开展的研究。这些选题注重学生的个性特点，符合不同学生的兴趣和特长。

第二，制定方案。这是课题研究取得成效的关键环节。研究方法是否科学，是否符合高中生的认知水平，是需要重点考虑的问题。在制定实验方案前，可以借鉴相关研究工作中的经验。首先，要明确实验流程，即为解答科学问题，本项目需要包含哪些实验，这些实验的先后顺序是什么，以及它们对实验材料的要求是什么。其次，针对每个实验，通过文献研究确定方法和步骤，越详细越好。例如，"溶氧的变化对斑马鱼生长、摄食及体成分的影响"课题就是通过比较不同溶氧水体下斑马鱼的生长、摄食及体成分变化，探讨溶氧这一水体环境因子对斑马鱼生长、生理等方面的影响。既采用定性方法观察生物体的形态、发育和生态环境，也运用定量方法测定生物体的生理和生化变化。在工作站的课题研究中，特别注重思维的转变、信息化手段的融合以及对高级仪器的使用。例如，在"盐胁迫对南方大豆生长的影响"课题中，光合作用通常是研究的重点。为此，工作站为学生提供了叶绿素含量仪、叶绿素荧光仪、叶片光谱仪等一系列研究设备。这些设备不仅提高了学生研究结果的科学性，还帮助学生更深刻地理解高中生物学课程中光合作用的相关知识。

第三，实施方案。这是考查学生动手操作能力和严谨科学态度的环节。工作站的课题研究包括多种方法，如观察、实验、调查、测量、类比、统计等。调查通常是确立研究问题时最基础的方法，调查结果的客观性和准确性直接影响后续工作的方向。例如，"调查 2018 年上海市场上大米的品质和安全情况""上海市地铁站台空气质量的调查与分析""松江大学城张家浜河道水质状况的调查研究""蠕形螨感染的调查研究""环境健康素养调查与评价"等课题，采用问卷调查的方式开展研究,帮助学生掌握探讨因果关系的方法。"CO_2 与空气在不同光照下保温性的比较""中学生体质测试及舌面脉特征研究""探究铁在不同溶液中吸氧腐蚀的程度""酒精对小鼠生殖系统的影响"等课题,将定性和定量的方法融入其中,以得到科学的研究结果。"数独游戏与信息补全""上海迪士尼游乐项目最优排队方法与游玩路线研究"等课题,借助统计工具和数学模型,将复杂现象数据化,实现抽丝剥茧。"校园家具产品概念设计""高效微纳米马达的设计与应用"等课题,则展现了从无到有、从虚拟到现实的创造性。

第四,修订方案。在科学研究的实施过程中,很多时候结果可能与实验设想或预期不符,甚至完全相反。因此,在保证实验操作科学、准确的基础上,学生需要及时整理、分析实验结果,并尽早与指导教师沟通。虽然工作站的课题在大方向上相对成熟和稳定,但在遇到特殊的研究对象时,仍可能出现与预期不符的结果。在这种情况下,如果学生能够保证实施过程科学,说明课题假设错误。假设错误并不代表研究失败,有时候反而可能解开谜团。但是,在研究过程中,学生不能等待、停滞或依赖他人,而应尽快调整目标,修订实验方案。这一过程虽然比较麻烦,但却是校内第一课堂教学中很难遇到的机会,能够充分培养和提高学生分析、评价问题和解决问题的能力。

 案例 1

花 3 小时寻微陨石却一无所获?
学会面对失败是科学探究的重要一课

从房顶上扫下来的一堆灰尘中可能存在微陨石吗?借助体视显微镜,花费 3 个多小时精挑细选出的数十颗微小颗粒中,竟然没有一颗是真正的陨石……这几天,上海市回民中学的高中生马悠逸和队友在中国科学院上海天文台天文学实践工作站上海天文馆实践点参与"微陨石探究"课题。其中,寻找微陨石的经历让他体验了科研中的"白费功夫环节"。"失败是科学探究的常态,学会面对失败是对我最好的启示。"说起这段经历,马悠逸既感到好笑又若有所思。

　　这个暑假,20名来自上海各个学校的高中生与上海首个陨石实验室"亲密接触"。在上海天文馆和中国科学院紫金山天文台专家的指导下,他们不仅学会了如何辨别陨石,还能通过制作陨石标本、检测陨石的矿物成分来判断陨石的基本类型。

图4-7　学生们观测陨石内部的成分

"高冷又神秘"的天文学其实"平易近人"

　　孙韵芸是上海市上南中学的学生,也是该校天文社团的一员。参加这次天文学实践工作站,孙韵芸还肩负着学校天文社社长交给她的任务——开学给高一新生讲一讲天文学的奥秘。在课题探究中,孙韵芸问题不断:"彗星和陨石有什么区别? 陨石分为哪些类型,内部结构有什么不同? 除太阳外,土星、木星等星球的运转对我们的生活有什么影响?"一连串的问题让课题指导教师、中国科学院紫金山天文台副研究员王英欣喜不已:"没想到上海的高中生对天文学的兴趣如此浓厚。"

　　经过三天在上海天文馆的学习和体验,孙韵芸收获了两个"没想到"。一是没想到陨石可以如此美丽。偏光显微镜下的陨石因内部矿物成分各异,在光线下折射出多彩的颜色,令人着迷。上海科技馆天文研究中心主任林清介绍说,这些美丽的图案甚至可以制作成天文馆的文创产品。

二是改变了孙韵芸对天文学的认知。过去,她跟着社团老师观测星空、观看流星雨等,好奇心大于科学探究,总觉得天文学"高冷又神秘"。直到这次参与陨石课题,她才知道陨石有这么多种成分和类型,不同类型的陨石内部结构各异。更重要的是,陨石对人们的日常生活也有不小的影响,其中隐藏着地球生命的起源和宇宙运行的秘密。"原来天文学没有我想象中那么高不可攀,其实也很平易近人。"孙韵芸表示,未来可能会选择天文学作为自己的专业方向。

图 4-8　课题导师指导学生打磨微陨石标本

科学精神意味着接受失败和寂寞

参与此次天文学课题实践的高中生们不约而同地对在显微镜下寻找微陨石的过程印象深刻。

上海市实验学校的高二学生陈韵仪回忆说,在 3 个多小时的时间里,她和队友只寻找到两颗疑似陨石的微小颗粒。"我们需要用类似牙签的设备,将其头部附着酒精,在体视显微镜头下逐一筛选和寻找。有时好不容易发现一个类似的颗粒,手稍微抖了一下,颗粒就不知道跑哪里去了。"陈韵仪苦笑着说。

课题指导教师、上海科技馆天文研究中心收藏室主任杜芝茂说,陨石是珍贵的研究材料,为了能让高中生们找到陨石,天文馆的相关专家已经提前对材料进行了初筛。当天学生们结束课程后,这些专家为了不浪费素材,还在学生们挑选剩余的素材中重新筛选,直至晚上10点才离开实验室。"三天的课题探究不一定能让学生掌握多么高深的天文学知识,但可以让他们感受到科学家孜孜以求、不言失败的精神。"

王英表示,想要在天文学上有所建树并不容易,除了要有好奇心,对理科思维的要求也较高,同时还要耐得住寂寞。"深空探测是比较辛苦的工作,许多科学家会常驻青海等高海拔地区的观测站,过着黑白颠倒、远离城市的枯燥生活。"王英说,只有对深空充满极致向往,对浩瀚宇宙充满无限畅想,才能对无垠的天空保持热爱。

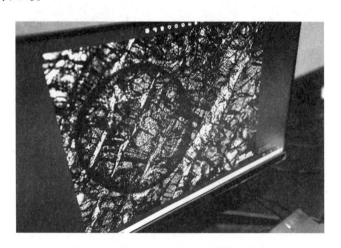

图 4-9 显微镜下的陨石

馆校合作让学生跳出从书本上学天文的"窘境"

近年来,随着中国探月工程亮点频出,越来越多的学生开始关注深空探测等小众学科和研究。然而,受限于观测工具和自然条件,如何让中学生学习天文学时不止于书本和文字?科研院所、场馆与学校三方合作是一种新尝试。

中国科学院上海天文台党委书记侯金良告诉记者,自2016年起,上海天文台就加入首批上海市青少年科学创新实践工作站,持续为中学生普及天文学知识,共有近千名高中生在这里完成了天文学研究课程。

上海天文馆的陨石实验室为天文学中的陨石研究搭建了顶级科研条件。杜芝茂很有感触:"这么好的实验设备不能浪费,也应该让更多的中小学生参与体验,激发他们对天文学的兴趣。"于是,上海天文台和上海天文馆一拍即合,联手开设了全国首个天文学陨石类探究课程。

"越来越丰富的场馆和科研资源,让学生能够学习'看得见、摸得到'的天文学知识,体验科学研究的严谨性,培养科学思维与科学精神。"侯金良说。

(以上案例转载自《文汇报》专题报道,文:张鹏)

案例2

暑假野外科考留下思考题:
如何把高中生对地理的"真爱"转化为"高考志愿"?

头顶 36 摄氏度高温,脚踩泥泞土地,上海市控江中学的高二学生陆天沐来到位于金山区的鹦鹉洲生态湿地公园,用金属采样器采集到了约 40 厘米长的湿地土壤标本。

陆天沐捏起一小块土壤,先看了看,又闻了闻,后来甚至用嘴舔了舔。"入口微苦,随后有咸味,回味像黑巧克力,脆皮的口感,酥皮的本质……"这名大男生兴奋地发了一条朋友圈,立刻吸引了不少同伴的回复,由此也定格了他参加野外科考的难忘学习经历。

这个暑假,华东师范大学地理科学实践工作站吸引了来自全市各个中学的120 名高中生学员。某一天,其中的 40 名学员随华东师范大学地理科学学院教授王东启前往金山开展野外科考。

看着学生们在湿地里挥汗如雨、兴致高昂地采集标本,来自大学的老师不由得陷入深思:学生们明明对地理学很有兴趣,但为何每年高考填报志愿时,地理学专业总是"遇冷"? 要扭转这一局面,大学还能多做些什么吗?

图 4-10　王东启教授带着学生们采集湿地土壤柱样

野外科考确实辛苦,但很有趣

在带领学生采集湿地土壤之前,王东启向大家展示了两张照片——一张是迎接朝阳,另一张是迎来日落。

两张照片的右下角有一排白色的小字,记录着拍摄的时间:分别为早晨5:00和傍晚6:50。

"这是我觉得自己拍得最好的两张照片。那天,我和同事们在滩涂上采集样本,一共工作了 16 个小时。"王东启留着利落的板寸发型,黝黑的皮肤,瘦高个,穿着一身运动装。常年与自然打交道的他,提及野外科考总有说不完的话。

为了让高中生也能感受到野外科考的魅力,王东启决定带学生们到湿地走一走。在一片高过头顶的芦苇荡里,学生们自动排成一列走在栈桥上,大家快速穿梭在芦苇丛中,试图寻找一片合适的土壤采集区域。

"这芦苇扫在腿上好痒!""我根本看不到前面的路!"高中生们几乎"全副武装",做足防晒措施,但还是不时发出一句句感慨。

好不容易找到一块看似可以采集的土壤,几乎"裸奔"、没有采取任何防护措施的王东启第一个跳下栈桥,拿起采样器尝试采集样品,却始终无法将工具嵌入其中。原来,为了保持土壤中水分的流动性,湿地公园的工作人员在土壤表层下面铺设了一层石子,这影响了土壤的采集。

"走,我们换个地方采集!"王东启一声令下,高中生们一窝蜂地冲出芦苇荡。这群师生沿着一片小池塘一路寻找,终于找到了可以采集土壤的湿地。几名高中生撸起袖子轮番上阵:"想把采集工具扎扎实实压到土壤里,还真不容易。"人高马大的陆天沐第一个体验土壤采集。随后,为了能将采集到的土壤柱样从工具中推出,放到土壤柱样分样塑料管中,他使出了全身力气,后来索性把自己的肚皮作为支点,把采集器中的土壤"顶"了出来。

"到野外科考确实比坐在课堂里看书更有趣,不过如果让我每天都这样外出采集,实在是吃不消。"陆天沐一边笑一边无奈地摇头。仅仅 20 分钟不到,豆大的汗珠已经从他的额头上滑落下来。

追随兴趣选专业,需要更多底气

戴着一副眼镜、看似有些柔弱的冯梓鑫是复旦大学附属复兴中学的学生,她表面文静,但一旦开始野外科考,就像变了一个人:一脚踏入池塘边的湿地,几乎用上了全身的力气,很快采集到了湿地的土壤。"我对地理很感兴趣,高中的地理课本我已经全部看完了,还看了许多旅游纪录片,不同地域的地质风貌令我着迷。"

与冯梓鑫类似,上海市新中高级中学的学生曹靖宇参与华东师范大学地理科学实践工作站的初衷也很简单——纯粹是因为喜欢地理。课余时间,他最喜欢也最解压的事情就是阅读《国家地理》杂志。

眼前的一幕幕让王东启深有感触:在学生中,对地理学有兴趣的着实不少。在他看来,地理学科具有多学科交叉的属性,且与日常生活密切相关,是一门很有用的学科。比如,当下相对热门的环境科学、生物学、人工智能、地理信息等学科,都与地理学科的发展密不可分。在地理环境学科中,就有环境健康分析等学科分支,对各类流行病的研究也都需要用到地理学的知识。

但不少高校教师也观察到,许多高中生对这门学科的热爱往往止步于高考

图 4‐11　学生们通过各种方式对采集到的土壤进行数据统计

之前。真正填报志愿时，出于对未来职业前景、工作环境和待遇等因素的综合考量，愿意报考地理学科的学生十分有限。

　　"如何帮助更多高中生把对地理学科的兴趣真正转化为参与地理科研探索的动力，这是我们开展更多地理学科普活动的目标。"王东启说。

　　而在这次科考中，曹靖宇的一则感受也引发了老师们的共鸣。他说："若能在高中阶段有足够的时间积累更多野外科考经验，真正感受到野外科考的魅力，相信我们会有更多底气选择自己喜欢的学科。"

　　　　　　　　　　　　　　　（以上案例转载自《文汇报》专题报道，文：张鹏）

大师赋能，让课程释放新动能

作为各领域的领军人物，科学家等大师们拥有深厚的学术造诣与丰富的实践经验。他们的参与是工作站课程实践实现质的飞跃的强大助推器，为课程注入灵魂，释放全新动能，为学生的发展带来积极影响。大师们的言传身教，如同为学生点亮一盏明灯，照亮他们在科技创新道路上前行的方向。工作站邀请行业大师走进校园，参与课程设计与教学指导，将前沿研究成果、行业发展趋势以及宝贵实践经验融入课程。大师们独特的视角和深刻的见解，激发学生的学习热情，拓宽学生的思维边界，使课程内容更具深度与广度。在大师的引领下，学生对课程知识有了更透彻的理解，对科学创新有了更崇高的追求，从而在创新人才培养道路上迈出更加坚实有力的步伐，实现由内而外的全面成长与突破。

工作站拉近了科学家、科研工作者与高中生之间的距离。学生们怀揣着对科学的兴趣和梦想走进工作站，参与到导师的项目和实践中，深入了解行业的最新动态和发展趋势，获得了宝贵的实践经验和技能。在跟随一流科学家学习的过程中，学生们不但触摸到了知识的边界，而且对突破边界产生了浓厚的兴趣，通过交流增强了自信心，明确了奋斗的目标，对未来产生了憧憬。工作站的实践学习成为学生发展兴趣、实现理想的平台。

工作站体制机制保障下的课程研发，以及与大师的持续联动，不仅有助于学生增长知识、提升技能，还帮助学生建立起与大师和同行之间的长效互动联系。这种联系为学生的职业发展提供了宝贵的资源和支持。在面临人生重大选择，如高考选择学校和专业时，许多学生会主动联系工作站的大学导师，以寻求指导。反过来，高校的导师们通过与高中生的接触，增进了对基础教育现状的了解，对基础教育和高等教育的人才培养有了更深入的思索，在各自的学校、学科和研究领域为国家大中小学一体化建设和人才培养工作添砖加瓦。

在上海市浦东复旦附中分校的校园里,有一个身影总是忙碌而坚定,那就是科创小达人郭英捷。他对未知世界有着无尽的好奇,也对实践充满渴望,这种独特的品质驱使他踏上了探索"右转机动车在交叉口右转时的延误影响因素分析"的科研之旅。

郭英捷的科研之路并非一帆风顺。课题的灵感来源于日常生活中的一次偶然观察。每当他站在繁忙的十字路口,焦急地等待红灯变绿时,他总会忍不住思考:为什么车辆总是需要等待这么久? 红绿灯的间隔又是如何设置的? 看似平常的交通现象背后究竟隐藏着怎样的科学奥秘?

当同济大学交通运输工程实践工作站向他敞开大门时,郭英捷毫不犹豫地选择了"机动车延误"作为研究方向。他知道,右转机动车与直行机动车共用车道的特殊性质,将为他的研究带来巨大挑战。然而,正是这些挑战激发了他内心深处的斗志和热情。

在研究之初,指导老师的话如同警钟般在郭英捷耳边敲响:"这个课题需要实地收集数据,并投入大量时间进行数据整理与分析。你有足够的耐心和毅力去完成这项任务吗?"面对老师的严肃提问,郭英捷没有丝毫犹豫。他深知科研之路的艰辛,但他更明白,只有勇敢面对挑战,才能收获成功的喜悦。

2022 年夏天,上海迎来了一场罕见的高温炙烤。这并没有阻挡郭英捷探索的脚步。他冒着酷暑,穿梭于城市的繁华与喧嚣之间,寻找着每一个可能影响机动车右转延误的因素。在父母的鼓励和支持下,他考察了四个不同的交叉口,最终选择了江苏路愚园路交叉口作为研究的主要场所。

在江苏路愚园路交叉口,郭英捷开始了实地调查工作。他站在烈日下,手持摄像机,一丝不苟地记录着每一辆机动车右转的过程。他注意到,车流密度的大小、拍摄角度的选择以及直右车道的布局等因素都会对机动车的右转延误产生影响。为了获取更准确的数据,他不断调整拍摄角度和位置,力求捕捉到最真实、最全面的交通场景。

经过数日的努力,郭英捷终于收集到了足够的数据。然而,这只是他科研之路的第一步。回到实验室后,他开始了漫长的数据整理与分析工作。他逐帧分析视频资料,记录每辆机动车通过路口的时间、速度以及让行时间等数据。这些看似琐碎的工作需要极大的耐心和细心,但郭英捷却乐在其中。他享受着从数据中挖掘规律、发现问题的过程,也享受着科研带来的成就感与满足感。

数据整理完成后,郭英捷着手建立模型。他选择了多元线性回归作为模型结构。这一模型能够清晰地呈现延误因素的影响程度,且易于理解和操作。然而,建立模型并非易事。他需要先学习统计学的基础知识、掌握 SPSS 软件的使用方法,理解多元线性回归的原理和计算过程。在指导老师的帮助下,他不断学习和探索,最终成功地将数据代入模型,并找到了影响延误的主要因素。

建立模型后,郭英捷开始撰写研究报告。他仔细阅读了大量研究生论文和期刊论文,学习前辈们的写作方法和技巧,努力将研究过程、数据分析以及模型建立等内容以清晰、准确的方式表达出来。经过数次修改和完善后,他的研究报告终于成型。虽然初稿略显稚嫩,但已经具备了科研论文的基本要素。他花费了一整天时间对论文格式进行梳理,确保其规范性和整洁性。这种对格式的严格要求,也体现了他对科研的严谨态度和对知识的尊重。

在论文的结尾部分,郭英捷提出了自己的疑惑和思考。他发现:车队位置似乎是影响延误的关键因素,但这与日常经验相悖;而拍摄路口的非机动车流量虽然很大,却并未成为主要影响因素。这些不寻常的发现让他陷入深思:是因为拍摄路口的特殊性导致的,还是模型本身存在不足或遗漏了关键因子?他将这些疑惑和思考写入结题报告,并计划在未来继续深入探究这些问题。

通过这次科研经历,郭英捷深刻体会到科研的艰辛与乐趣。他学会了如何面对困难与挑战,如何在实践中锻炼自己的意志和毅力。同时,他也更深刻地认识到数学、物理等基础学科在科研中的重要性。这次经历让他看到了自己在这些学科上的不足,并激发了他继续学习和探索的热情。

对有志于投身科创的同学们来说,郭英捷的经历无疑是一个宝贵的启示。他用自己的行动证明了科研并不一定是开创性的成就,拓展已有的成果并加以完善,同样是科研的一种方式。只要保持对未知的好奇心并勇于探索实践,就能在科研道路上迈出坚实的一步。

　　正如郭沫若所言："科学在今天是我们的思维方式，也是我们的生活方式，是我们人类精神所发展到的最高阶段。"在这个崇尚科学、鼓励创新的时代，郭英捷用实际行动诠释了这句话的深刻内涵。他投身科研，乐在其中，感悟科学的魅力，不断探索未知的世界。他的经历告诉我们，只有勇于探索和实践，才能不断突破自我。

第五章
由浅入深的新载体

　　像科学家一样思考，就是要像科学家一样，直面生活中、学习中、思考中遇到的一个个稀奇古怪的问题，敏锐地发现关键线索，沿着蛛丝马迹寻根究底，将探究成果清晰地表述出来。在探寻真理的漫漫长路中，我们每一步都踏在已知与未知的边界上。思维的磨砺恰似一叶扁舟，在科学知识的波涛中，在不断的探索与突破中，驶向智慧的彼岸。

白玉兰的种子

——上海市青少年科技创新人才培养 ▶

体验式实践求应用

　　学习是个人知识体系构建的过程,其终点是实践输出的实干世界。开启探究式学习应从体验式实践开始,而体验式实践应从解决实际问题开始。正如朱莉·德克森在《认知设计:提升学习体验的艺术》中写道:"可以立刻被应用的知识是最容易吸引学习者的。而短期内不能被应用的知识,即使非常重要也很难引起关注。"

　　在科研项目实践中,导师在给定具体的研究方向和题目后,引导学生通过观察和实际操作,提出问题并进行探究。导师需要设计各种具体的实践活动,如实地考察、实验操作、模拟情境等,让学生通过亲身体验感知和理解知识。这样的实践活动可以激发学生的兴趣,增强他们的参与度和学习动力,同时也有利于学生将课堂所学知识应用到实际生活中,加深理解和记忆。此外,还可以结合数字化技术手段,如虚拟现实、在线模拟等,让学生在虚拟环境中体验,增强学习的趣味性和互动性。

　　导师鼓励学生进行团队合作是非常重要的。通过团队合作,学生可以相互交流、协作,共同解决问题,从而培养团队精神和沟通能力。学生小组需要在给定的时间内细分并定义问题,查找资料和所需的研究资源,开展必要的阅读调研和实验活动,最终形成解决问题的科研报告。教师可以引导学生进行反思与总结。通过反思,学生可以回顾实践过程,总结经验教训,发现问题并改进方法,从而提升学习效果和能力。

一、开题报告

　　开题报告是学生在研究课题中学习和实践的第一个环节。开题报告的作用是明确项目研究的意义、目的、假说、目标或问题,并使这些内容具有说服力。

因此,开题报告应当体现出研究问题的重要性,说明所选择的方法或手段是最合适和最有效的,同时阐述计划采用的分析方法以及对结果的应用方式。

对高中生而言,虽然最终目的是达成科学探究的目标,但工作站研究课题中的开题报告更多的是让学生体验这个过程,并从中学习、训练逻辑思维。因此,我们在开题阶段的要求是:尽可能在开篇就强调研究的意义或价值,然后借助文献或来自公共平台的数据,分层次论证研究的必要性,接着说明该研究将从哪些层面、哪些角度选择实验方法进行记录或检测,最后阐述将借助哪些科学软件来辅助进行数据分析。

开题报告主要包括以下内容:(1)课题来源(选题依据);(2)课题研究的目的和意义;(3)国内外研究现状、发展水平及存在的问题;(4)研究内容和拟解决的关键问题;(5)拟采取的研究方法和技术路线;(6)预期的研究成果和创新点;(7)研究进度安排;(8)工作站指导教师意见;(9)工作站意见。其中,前七项都需要学生在导师的指导下完成。下面通过一个示例,对这几部分的内容进行简要示范和点评。

课题名称 盐胁迫下 5 - 氨基乙酰丙酸对绿豆种子萌发及幼苗生长发育的影响

一、课题来源(选题依据)

我国盐碱土分布极为广泛,类型也多种多样。第二次全国土壤普查统计资料显示,在不包括滨海滩涂的前提下,我国盐渍土面积为 3487 万公顷,约为 5 亿亩,其中可开发利用的面积达 2 亿亩。盐碱地是我国最主要的中低产田土壤类型之一。合理开发利用这些盐碱地资源,对促进农业可持续发展、改善生态环境具有重要意义。开发能够提高植物盐耐受性的生长调节剂,是开发利用盐碱土资源和改善土壤次生盐渍化的重要途径。

在盐胁迫的条件下,外界环境与植物内部间

好的标题应当清晰、简短、有意义,避免使用非正式术语或夸大其词。

存在的渗透差会导致渗透胁迫,从而对植物造成伤害。盐胁迫通过抑制植物细胞的正常分裂和分化,进而影响组织和器官的生长,加速植物的发育进程,缩短营养生长期乃至开花期。虽然植物在长期的进化过程中形成了一系列响应环境胁迫的生理和分子代谢机制,但高盐胁迫仍能抑制植物正常的生长发育,导致作物产量大大降低。

盐胁迫可分为低浓度盐胁迫和高浓度盐胁迫。适宜的低浓度盐胁迫处理能够促进大豆、绿豆、鹰嘴豆等豆科植物的种子萌发。研究表明,绿豆种子在出芽阶段具有较强的耐盐性,但不耐受碱性盐。不同豆科植物的耐盐性也存在显著差异。这与盐分类型有关,一般碱性盐对种子萌发的抑制效应要显著大于中性盐。不论是盐敏感型豆科植物还是抗盐型豆科植物,在高浓度盐条件下,种子萌发都会受到抑制。盐胁迫不仅抑制种子萌发,还会延迟其萌发时间,并抑制胚根和胚芽的生长以及生物量的积累,甚至影响植株后期的长势。

几十年来,科学家们一直在尝试使用各种植物生长调节剂(PGRs)来提高植物对不良环境的耐受性。其中,5-氨基乙酰丙酸(ALA)在盐渍条件下,能够调控多个与生长相关的生理过程,包括种子萌发、改变光反应、提高光合作用及保持营养状态平衡等。众多研究表明,ALA可以影响植物对矿物质元素的吸收,增强植物的抗氧化能力,影响叶绿素的合成等。研究表明,在100 mmol/L NaCl的胁

课题来源应具有一定的故事性。对高中生来说,课题的选取应尽可能来自真实的情境,可以是日常生活以及广播、电视、网络等媒体,或是课堂及书本知识等。

在确定选题依据时,建立适当的期望非常关键,也就是吸引读者或评阅人的注意力和兴趣,使他们产生共鸣。

迫下,适宜浓度的 ALA 浸种处理使番茄的发芽势和发芽率分别提高了9.09%和3.37%,并能促进芽苗生长,且浸种和喷施方式给予 ALA 均能显著缓解盐胁迫对番茄的副作用。

耐盐经济作物的种植是盐碱地开发利用中最重要的生物学措施之一。绿豆是一种重要的杂粮作物,具有较高的营养价值和药用价值,被广泛应用于食品、酿造和医药等行业。绿豆适应性广,抗逆性强,生育期短,一般在 60—120 天,播种适宜期长,从 4 月上旬到 8 月上旬均可播种。此外,绿豆还具有固氮养地的能力,是一种良好的轮作作物,在农业栽培结构调整和高效农业发展中具有重要作用。

目前,针对缓解绿豆耐盐性的生长调节剂的研究较少。鉴于 ALA 能够提高植物对不良环境的耐受性,我们推测 ALA 也能够提高绿豆的盐耐受性。本研究旨在探讨外源 ALA 对绿豆盐胁迫的缓解作用,为绿豆的抗逆性栽培提供理论依据。

二、课题研究的目的和意义

研究目的:

1. 探究在盐胁迫条件下外源 ALA 对绿豆种子萌发及幼苗生长发育的影响。

2. 确定 ALA 缓解绿豆盐胁迫的合适施用剂量。

研究意义:

研究提高绿豆盐耐受性的生长调节剂,有利于促进绿豆种植,进一步开发利用盐碱土资源,并

研究目的一般以 2 至 4 个为宜。每个具体目的应聚焦一个特定问题或假设。这几个目的需对研究的问题形成多层次、多角度的诠释。

改善土壤次生盐渍化。

三、国内外研究现状、发展水平及存在的问题(附参考文献)

国内外研究现状相当于一个微型的背景综述。

首先,它展示了学生是否利用文献数据库查询到相关性高的文献,并进行阅读和总结。这部分内容有助于学生树立科学资料来源的意识,为未来鉴别、判断未知事物提供方法学指导。

其次,梳理国内外研究现状能够训练学生基于他人的数据、结果形成个人的推断和假设,从而进一步佐证所研究问题的必要性。

最后,对高中生来说,参考文献数量应在5篇以上,且最好选择近10年的文献。

5-氨基乙酰丙酸(ALA)是一种氨基酸类物质,在动植物活体细胞中普遍存在。[1] ALA与植物的光合作用有关,能调控植物的生长发育,促进作物生长并提高产量。ALA对水稻、萝卜、马铃薯和大蒜等的生长和产量具有良好的效果。徐铭等人证实,施用不同浓度的ALA可提高番茄株高,并且使番茄产量明显提升。[2] 此外,施用低浓度的ALA能显著提高植物的抗逆性。徐晓洁等人的研究表明,施用ALA有利于提高盐胁迫下番茄叶片的叶绿素含量,增强光合能力,加快蒸腾速率,使气孔导度变大,降低胞间二氧化碳浓度。[3] Wang等人的研究显示,施用ALA有利于提高盐胁迫下白菜种子的萌发率。[4] 外源施用ALA不仅可以激活相关抗氧化酶的活性,清除活性氧物质,还可以在胁迫条件下增强膜稳定性。通过叶面喷施ALA与$CaCl_2$或水杨酸灌根处理甜瓜发现,ALA可以增加植株生物量和可溶性蛋白含量,提高根系活力,降低细胞膜透性,对盐害的缓解效果明显优于$CaCl_2$和水杨酸。[5,6]

ALA属于α-氨基酮类,在碱性条件下会形成二聚体,其化学式为$C_5H_9NO_3$,结构式如图1所示。一系列研究显示,ALA具有多种生理作用。[7] (1)促进光合作用。ALA参与调节植物体内叶绿素的合成,但其对叶绿素合成的调控作用过程及提高植物光合效率的生理机制尚未完全明确。(2)影响呼吸作用。Wang 等人的研究显示，小白菜种子经过 ALA 处理后，呼吸速率显著增强，逆境条件下种子的萌发率也有所提高。[4](3)促进植物组织分化。在 MS 培养基中加入少量低浓度的 ALA，对豇豆愈伤组织的 IAA 和 CTK 两种植物激素具有双重调节性，能诱导植物不定根和不定芽的分化。(4)启动细胞过氧化反应。ALA 既可以直接启动细胞在胁迫条件下的脂质过氧化反应，也可以间接启动光氧化反应。当 ALA 转化成四吡咯化合物时，光化学反应即可被启动。(5)生物体内运输。ALA 能否在生物体内运输尚无定论。但是，汪良驹等人的研究表明，无论是叶施还是根施，ALA 都能引起植株相应的变化，因此可以认为 ALA 在植物体内是可以转移或传导的。[8]

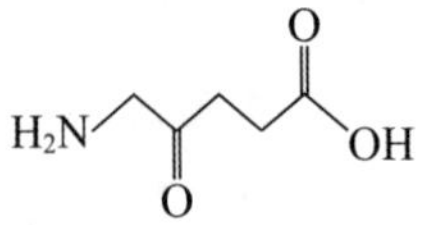

图1 5-氨基乙酰丙酸(ALA)的结构式

ALA 可以减轻棉花、菠菜、番茄等植物在逆境下受到的伤害，还能提高盐胁迫下黄瓜种子的发芽率和黄瓜幼苗的株高。[9]叶面施用对番茄和辣椒的生长也有促进作用。[7,10]目前，关于 ALA 在豆科植物中的作用研究较少，特别是针对经济作物绿豆的研究尚未见文献报道。本研究旨在探讨外源 ALA 对绿豆盐胁迫的缓解作用，并确定 ALA 的合适施用剂量，为绿豆的抗逆性栽培提供理论依据。

参考文献的格式必须规范，这是对学生进行科学规范训练的重要一环。

可以提供《信息与文献 参考文献著录规则》（GB/T 7714－2015），或指导学生使用各文献数据库的自动导出功能，如中国期刊网的"导出/参考文献"功能。

参考文献：

[1] 宋士清,郭世荣.5-氨基乙酰丙酸的生理作用及其在农业生产中的应用[J].河北科技师范学院学报,2004,18(2):54-57.

[2] 徐铭,徐福利.5-氨基乙酰丙酸对日光温室番茄生长发育和产量品质的影响[J].西北农林科技大学学报(自然科学版),2008,36(9):128-132.

[3] 徐晓洁,邹志荣,乔飞,等.ALA 对 NaCl 胁迫下不同品种番茄植株光合作用、保护酶活性及果实产量的影响[J].干旱地区农业研究,2008,26(4):131-135.

[4] Wang L J, Jiang W B, Liu H, et al. Promotion by 5-aminolevulinic acid of germination of Pakchoi (Brassica campestris ssp. chinensis var. communis Tsen et Lee) seeds under salt stress [J]. Journal of Integrative Plant Biology, 2005, 47(9):1084-1091.

[5] 周贺芳,邹志荣,孟长军,等.外源 ALA、CaCl₂ 和水杨酸对盐胁迫下甜瓜幼苗一些生理特性的影响[J].干旱地区农业研究,2007,25(4):212-215.

[6] 杨蕊.外源 ALA 处理对盐胁迫下黄瓜的缓解效应[D].咸阳:西北农林科技大学,2008.

[7] 鄢岩.5-氨基乙酰丙酸(ALA)和叶面肥对荒漠区温室番茄和辣椒增产性能影响的研究

[D].咸阳:西北农林科技大学,2016.

[8] 汪良驹,姜卫兵,章镇,等.5-氨基乙酰丙酸的生物合成和生理活性及其在农业中的潜在应用[J].植物生理学通讯,2003,39(3):185-192.

[9] 燕飞.外源5-氨基乙酰丙酸(ALA)对盐胁迫下黄瓜幼苗生理调控效应研究[D].咸阳:西北农林科技大学,2014.

[10] 赵艳艳.外源5-氨基乙酰丙酸缓解番茄幼苗盐胁迫的效果及机理研究[D].咸阳:西北农林科技大学,2014.

四、研究内容和拟解决的关键问题

1. 研究内容

(1) 盐胁迫对绿豆种子萌发的影响。

(2) 盐胁迫对绿豆幼苗生长发育的影响。

(3) 盐胁迫下施加5-氨基乙酰丙酸(ALA)对绿豆种子萌发及幼苗生长发育的缓解作用。

2. 拟解决的关键问题

(1) 探求盐胁迫下ALA对绿豆种子萌发及幼苗生长发育的缓解程度。

(2) 确定能完全缓解绿豆盐胁迫副作用的ALA施用剂量。

五、拟采取的研究方法和技术路线

1. 实验材料:绿豆种子、100 mmol/L NaCl、5-氨基乙酰丙酸。

2. 盐胁迫下ALA对绿豆种子萌发的影响。各处理组选择30粒种子,分别用ALA和100 mmol/L NaCl处理绿豆种子,通过形态指标评

研究内容要按一定的顺序完成,这体现的是研究的逻辑。

该部分要详略得当,既体现解决具体问题所使用的方法是否正确,又要考虑在有限的时间和支撑条件下,这些方法是否具备良好的可操作性。

对高中生来说,这部分内容应尽可能详细。绝大多数学生都是按照这个方法步骤开展后续实验。所以,这里应包括方法的概要、实验材料、具体方法、数据分析工具等。

估盐胁迫下 ALA 对绿豆种子萌发的影响。形态指标包括发芽率、发芽势、胚根长、胚芽长,并计算发芽指数和活力指数。发芽率＝正常发芽的种子数/供试种子总数×100％;发芽势＝3 天内正常发芽的种子数/供试种子总数×100％;发芽指数(GI)＝$\sum$(Gt/Dt),Gt 为 t 时间新增的种子发芽数,Dt 为发芽试验开始后的累计天数;活力指数(VI)＝S×GI,其中 S 为胚根鲜重,第 5 天检测各处理组的胚根鲜重。

3. 盐胁迫下 ALA 对绿豆幼苗生长发育的影响。培养绿豆苗,待绿豆苗生长到一定程度后,选取生长一致的幼苗,每个处理组 20 株。设置对照组(正常营养液栽培＋叶面喷施蒸馏水)、盐处理组(100 mmol/L NaCl 栽培＋叶面喷施蒸馏水)、盐和 ALA 处理组(100 mmol/L NaCl 栽培＋叶面喷施 30 mg/L ALA、50 mg/L ALA)。处理后第 18 天,从各处理组中随机选取 10 株幼苗,测定其株高、地上部的干重鲜重以及地下部的干重鲜重。

4. 数据处理:用 Excel 记录并初步处理数据,用 SPSS 软件进行方差分析,用 GraphPad Prism 软件制图。

技术路线:

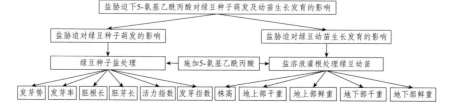

六、预期的研究成果和创新点

预期的研究成果：确定5-氨基乙酰丙酸缓解绿豆盐胁迫作用的合适剂量。

创新点：盐胁迫下5-氨基乙酰丙酸对绿豆种子萌发及幼苗生长发育的缓解作用。

二、中期考核

中期考核的重点是基于学生设立的时间表，检查课题实施的进度并督促师生协作。这也是检验学生规划研究课题能力的重要环节，一个合理的时间进程不仅能体现学生的能力，还能增强师生的信心。

针对这个阶段，我们编制了相对统一的评价模板，通过程度副词评价学生的差异。教师可以根据实际情况对评语进行删减、调整。例如：

A同学能够顺利地（较好地/不能）按照指导教师的要求认真开展初期的实验研究，并取得阶段性（一定的/没有取得）进展。在课题开展过程中，该同学积极（按照老师要求）阅读相关资料、书籍及文献，进一步加深了对课题的理解并应用于实践，扎实地（较好地）掌握理论知识与基本实验技能。整体实验设计与安排合理（较合理），课题目标方向明确（较明确），实验进展符合（基本符合）预期。

在实验过程中，该同学实验操作细致认真（有待加强），能严格（较好）遵守实验室的规章制度，动手能力得到充分（一定）锻炼。实验数据记录清晰规范（不够严谨），并能对实验数据进行归纳分析，具备一定的总结概括能力。能够敏锐地从实验中发现问题，主动思考（这方面存在不足），提出自己的独特见解，积极分析解决问题并改进方案，能很好地（较好地）将专业知识运用到实践中，对基础理论有更深刻（一定）的认识。能灵活（基本）协调自己的课题和学业，积极与导师沟通研究进展和问题，科学态度严谨（较严谨），创新能力强（尚可/有待加强），具有较强的团队意识与合作交流能力，综合素质较高，具备从事相关科研创新工作的潜力。期待后期表现。

三、结题报告

结题报告通常采用论文形式。对高中生而言，这是一项相对短期的研究工作，其评价标准主要包括两方面：首先，关注规范性，即论文格式、图表格式、参考文献格式是否符合要求；其次，注重研究的科学性和完整性，即研究内容的写作方式是否能够佐证所提出的问题已经得到解决。该部分是工作站指导教师的强项，因此在本研究中不再赘述。

四、答辩交流

根据工作站的要求，答辩采用申请制，学生可自愿选择是否提交课题报告参加等级评定。由各工作站统一组织课题评价小组，确定学生等级评定结果。答辩教师将根据学生研究工作的客观过程、答辩的真实情况以及工作站的具体要求，决定答辩的评价方式、内容和要求。

学生答辩时应注意以下几点。在陈述研究过程时，要体现概括能力，能够简明扼要地阐述研究的价值、个人观点及见解，语言应肯定、流畅。在介绍研究课题时，要抓关键，对经实验实践获得的结果进行高度概括，不必展开细致的论证。在教师提问时，要听清问题的主旨，如果没听清，可请教师再说一遍。这里考查的是学生的应变能力，而不是专业知识水平，所以学生应准确理解问题并诚恳作答，不似是而非，不转移话题，可以辩论和反驳，但不可拖延和强辩。

在答辩过程中，教师主要检验学生总结、交流的能力。只要学生能够准确、清晰地陈述研究过程和结果，展现出良好的沟通与交流能力，即视为达到该阶段的要求，避免对学生有超出其认知水平的过高期望。

五、实践与评价

工作站虽然是学生课外参与的一种研究性学习活动，但能够通过学校推荐或学生自荐进入工作站项目的学生，都是对工作站充满兴趣、积极向上、追求个性发展的同学。因此,工作站的评价应更具针对性,应遵循"科学记录、全面评价"的原则,探索过程评价与结果评价、成长记录与素质评价相结合的评价模式,构建多元综合素质评价体系,客观反映学生创新素质和个性特长的发展状况,使学生易于参与、教师易于指导、各方易于监督实施。

工作站评价方案

1. 学生评价遵循科创教育规律,坚持科学的教育质量观。既关注学生参与工作站项目课程的学习水平,也关注学生参与科学实践活动的过程经历;既关注学生的学习成果,也关注学生的学习态度。

2. 学生课题研究活动结束后,由工作站负责对每名学生进行评价。学生评价指标具体内容见附表。满分 100 分,评分 60 分以下为不合格,60 分及以上为合格,90 分及以上方可推荐参评优秀。参加优秀评定的学生本人须向工作站提出申请,同时提交课题报告。

3. 各工作站在优秀学生评定实施前,应参照优秀学生评价指标制定评价方案,并报送市级总站,审核后方可实行。各工作站统一组织评价小组,对提出参加优秀评定的学生进行公开答辩,答辩过程须录像,视频上传至上海市青少年科学创新实践工作站学生管理平台。公开答辩后,确定拟推荐优秀学生名单。名单须在工作站进行公示,无异议后报送市级总站。由工作站对推荐学生出具300 字以内的推荐意见,推荐人数不超过本站在站学生数的 12%。

4. 对于各工作站推荐为优秀的学生,市级总站组织专家委员会进行评审。专家委员会根据学生的过程记录及相关资料进行评价。拟评定为优秀学生的名单在上海市青少年科学创新实践工作站网站上公示,无异议后,最终确定为优秀学生人选。

表 5-1　上海市青少年科学创新实践工作站优秀学生评价指标

评价指标	评分
创新精神与思维(10 分):包括对科学研究的兴趣,从多角度看问题,提出有意义的问题,提出新观念、新见解,解决问题的能力等。	
科学方法与过程(10 分):包括了解和掌握基本的科学研究方法和过程,理解科学研究方法并将其应用于自己的课题研究,参与科学研究的全过程。	
科学知识与技能(10 分):包括了解和掌握学科基础理论知识、实践操作技能,以及自主学习与学科相关的前沿知识等。	
学习及活动过程记录(30 分):包括记录表填写、学习心得感想、学习态度、教师评语等。	
开题阶段情况(10 分):包括开题报告撰写,以及查阅信息、发现资源、研究方案设计能力等。	
研究阶段情况(10 分):包括中期报告及课题进展,以及资料与数据分析处理能力、实践操作能力、合作交流能力、自主管理能力、责任心等。	
结题阶段情况(10 分):包括结题汇报或答辩展示、结题报告,以及自主探究能力、表达能力、科学态度、研究潜质等。	
考勤情况(10 分):包括各类活动参与率及出勤情况,不迟到早退。	
工作站评价意见: (学生学习和课题研究总体评价,注重重要的思维贡献、有价值的质疑、突出表现、各方面进步情况等,300 字以内)	

探究式学习养习惯

探究式学习是在学科领域或现实社会生活中选择并设定一个具体研究主题，创设一种类似于学术（或科学）研究的情境。通过自主、独立地发现问题，以及实验、操作、调查、信息收集与处理、表达与交流等探索活动，学生能够获得知识和技能，发展探索精神和创新能力，在尝试解决问题的过程中学习知识。

工作站的教师常常通过探究式学习的方式，培养学生的学习习惯和能力，促进学生形成终身学习的意识，持续提升自身的知识水平和技能。实践证明，这种持续学习的态度对于人的成长和发展至关重要。

一、探究式学习的目的

（一）培养学生的主体意识

随着年龄的增长和身心的发展，学生的主体性也在不断发展。这种发展主要体现在学生在教育教学活动中的表现：拥有独立、自觉、自主、自由参与教学活动的权利，同时也具备对自主行为的支配、调节和控制能力。

在教学活动中，教师和学生都是主体，但两者发挥的作用有所不同。学生的主体地位是以教师的主导作用为前提的。正如著名教育学家胡德海所说：教师的主导作用在于调动学生的主动性；教师的"教"不仅仅是传授知识，更重要的是启发思考；教师在教的过程中不是代替学生活动，而是引导学生活动。

因此，在教学活动中，应该把学生视为主体，通过教育促进他们主体性的提高与发展。探究式学习课程的实施，重视学习的过程和方法，重视交流与合作，重视体验和感悟，能够很好地培育学生的主体精神。

（二）提高学生的学习能力

探究式学习以学生为中心，以实践为核心，让学生主动参与问题解决过程。这种方式能够激发学生的好奇心和求知欲，增强他们对知识的兴趣，从而提高学习动机和积极性。在探究式学习中，学生需要主动获取信息、分析数据，这有助于提高他们的信息获取和分析能力。学生在自主探究、发现和解决问题的过程中，培养了独立思考和自主学习的能力，并逐渐建立学习自信和自律。

在探究式学习过程中，学生通常需要与同伴合作、讨论、分享想法，这有助于培养合作与交流能力。通过互相启发、互相补充，学生可以从他人的观点中获得新的启发和思考。

（三）培养学生的创新精神

探究式学习鼓励学生主动提出问题、寻找答案，培养问题意识。在自主探索的过程中，学生拥有更多的自由度和创造空间，创造力和想象力得以激发；学生需要不断思考、分析和实践，探索新的解决方案，这种强化实践的学习过程促进了他们的创新思维发展。

二、探究式学习的层次

根据不同阶段教师的指导程度和学生探究能力的水平层次，可将探究式学习分为三个层次。

（一）教师引导下的探究式学习

教师引导下的探究式学习，是在整个学习过程中采用教师指导下的探究性学习方式。教师在学习的各个环节预先为学生设计好学习情境，并帮助学生按照预定的学习目标和学习方式进行探究活动。

从教学设计的角度来看，教师需要设定明确的学习目标，提供引导性问题，为学生提供必要的资源和材料，鼓励合作与讨论，提供反馈与指导，最终总结与分享学习成果。

在这种学习方式下,学生虽然积极主动地参与探究活动,但学习的自主性和创造性相对不足。

(二) 师生共同合作的探究式学习

师生共同合作的探究式学习,强调教师与学生之间的合作关系。教师不再是传统意义上的知识传授者,而是学生学习的合作者、引导者和参与者。教师是探究活动的组织者,是学习任务情境和探究方法设计的帮助者,是探究材料的提供者,也是探究过程的参与者。

学生需要承担起积极主动的学习责任,参与合作探究。在教师的帮助下,学生通过提出问题、收集信息、实验验证等方式,主动探索和发现知识,构建自己的知识体系。

(三) 自主性探究式学习

自主性探究式学习特别强调学生在学习过程中主动探索、发现和构建知识的能力。在整个学习过程中,学生扮演着积极的角色,自行提出问题,自主选择探究材料和探究方法,独立或与他人协作解决问题。最后,由师生共同对探究的问题、方法和结果进行评价。教师只是对学习中存在的问题提出建设性意见,指导学生反思整个探究式学习过程。

三、教师开展探究式学习的基本策略

(一) 力求展示科学探究过程,引导学生掌握基本的探究方法

在探究式学习中,学生应根据相关知识内容,遵循科学方法论,按照一定的方法和步骤进行实验、观察、推理和总结。教师通过剖析科学探究的规范过程,挖掘其中的探究要素,潜移默化地引导学生开展探究活动,让学生在探究的过程中掌握基本的探究方法。

(二) 创设探究情境,让学生主动参与探究过程

探究情境的设计应与学生的实际需求和兴趣相符,对学生具有较大的吸引

力,促使学生主动参与探究活动。教师提供的背景材料应具有指向性和探究的可能性,能引导学生发现问题并提出问题,激发他们的求知欲,增强学习动机。

学生作为探究过程的主体,其主体性贯穿于发现并提出问题、提出假说并预期结果、实验证实或证伪、解读数据、交流成果等探究的全过程,能力也在此过程中得到提升。

（三）把创新思维培养作为重中之重

探究式学习的过程同时也是培养创新思维的过程。在引导探究过程中,应针对探究式学习的各个环节,对创新思维品质的不同层面进行有针对性的培养。

创设引入探究时的问题情境。教师需要精心设计问题,既不能过于简单以至于无法激发学生的思考,也不能过于复杂以至于超出学生的理解范围。可以利用课本中涉及的内容,并补充一些课外知识;还可以利用探究过程中出现的意外现象进行分析和反复实验查证,从而培养学生思维的敏锐性。

鼓励提出多种假设。科学的发展源于怀疑的态度,没有思维的批判性就不会有创新。在探究过程中,提供多样化的学习资源和材料,让学生从不同信息来源获取启发,拓展思维的广度和深度。鼓励和引导学生从不同角度审视现象与问题,提出多种可能的解释和假设,促使他们超越表面现象,深入探究问题本质。强调在探究式学习中,每一个假设都有其独特的价值,即使某些假设最终被证伪,也是对学习过程的有益补充和经验积累。

指导实验设计。在实验设计环节,需要培养学生思维的启发性和创造性。实验设计能力的提高不是一蹴而就的,而应循序渐进。可以先以教材中的实验教学为依托,分析实验设计的基本过程,启发学生的思维。在指导学生设计实验时,应引导他们思考实验的意义、预期结果以及潜在的影响因素。通过思考和讨论,学生可以更好地理解实验的目的和过程,培养科学思维和探究能力。

案例1

胁迫条件下植物生长情况的研究

（华东师范大学生物学实践工作站）

以"胁迫条件下植物生长情况的研究"方向为例，分别从设计理念、课程要求和实施方式三个方面介绍生物学工作站十个方向的课程情况。

一、设计理念

盐碱胁迫是农业生产中对植物影响最直接的一种胁迫。上海地处长江入海口，滩涂盐渍土情况真实存在。在这样的背景下，我们组织学生围绕在盐胁迫条件下，不同作物在耐受盐胁迫过程中发生的形态和生理生化变化进行实践研究。这样的课题具有实际意义，学生容易查找文献，也容易从情境中找到研究问题。

二、课程要求

学生应完成以下任务，并体验相应的学习经历。

1. 植物的种植及形态学观察记录

将义务教育阶段所学的植物形态学知识运用到自己的课题实验中，实现植物的种植、管理及观察记录这一基本目标。

技术：植物培养技术、形态观察记录方法（摄影摄像）。

素养：这是课题中最考验学生科学素养的一环，能够坚持完成就已经成功了一半。此外，科学编制观察记录表、建立星级观察指标、拍摄兼具科学性和艺术性的照片，都是对学生综合素养的培养。

2. 光合作用研究相关仪器的使用

光合作用是高中阶段生物学课程的重难点，也是本课题中最能反映植物在胁迫环境下生理生化情况的直观指标。因此，该环节对高中生来说，基础知识已在课内教育中获得。在课题中，学生需要运用课内知识理解和解决具体问题,并通过仪器使用解决难点问题。

技术:生物信号采集与分析(如叶绿素含量仪、叶绿素荧光仪、叶面积仪、光合作用测定仪、叶片多光谱分析仪等)。

素养:这是考查学生能否运用所学知识来促进新知识、新技能学习的阶段,也是培养学生理论与实践相结合的阶段。

3. 植物生理生长中相关酶活性的测定

多数农作物受自身适应性所限而被种植在特定地区。不合适的气候和土壤条件会对农作物的产量产生巨大影响。环境中的非生物因子(如水分、矿物质元素)失衡会引发植物细胞内多种生理生化反应,甚至破坏细胞完整性,导致植物死亡。

技术:生物分子的分离纯化及鉴定技术(酶活性测定、分光光度计、酶标仪)。

素养:一方面,考查学生的逻辑判断能力,即检测植物生长发育活动中合理组织监测指标的能力;另一方面,通过实验感悟生态平衡,从细胞内物质平衡的意义引申到人体健康的平衡。

4. 科学数据的分析

科学软件是提升科学研究的重要工具。使用已有工具或学习新工具以更有效地解决生物学问题,是未来公民必须具备的能力和意识。

技术:科学软件的使用(如 Excel、ImageJ、SPSS、GraphPad Prism 等)。

素养:解读、处理、分析和反思数据的能力是未来公民应具备的一种能力。这不仅是在解决科学问题的过程中所必需的,更是公民解读社会问题、理解科学报告或辨别可靠信息的基本能力。

三、实施方式

1. 实施进度

根据市级总站安排,所有研究性课题需要在网站上完成开题阶段、中期阶段和结题阶段记录表,并提交开题报告和结题论文。在保证总体工作同频的前提下,我们对十个方向的课题提出实施进度建议:每个方向的导师至少组织课题简介、开题报告、实验操作、结题指导四次全体会议或活动。课题简介就是向学生提供本课题方向的任务和要求说明,并布置时间节点;开题报告和结题指导属于辅导型内容,涵盖报告撰写方法、研究方案制定策略、数据总结方式等内容。

2. 实施方法

合理运用线上线下混合式学习方式,借助数字化手段,能够有效提高效率。华东师范大学生物学实践工作站在课题研究中也积极推广这种方式。

线下学习更聚焦实验实践环节。我们仍保持实验实践环节在线下开展,让学生进入高校实验室,有机会独立操作实验设备,与高校教师、研究生面对面交流和学习,从而保证研究结果的可行性,提高项目完成的质量。

 案例2

移动机器人组建与创新应用结题报告

（上海交通大学机械工程实践工作站）

课题名称	移动机器人组建与创新应用
记录	一、课题研究内容（或研究方案） 1. 研究目的与意义 使用 Arduino 小车及传感器,制作一款巡线防撞小车的原型。借助 Python 实现辅助控制功能。 用小车的巡线功能代替人工,完成低风险地区周围的巡逻需求,从而解放人力,并避免人力巡逻可能出现的夜间疲劳、视线不清晰等问题。

（续表）

课题名称	移动机器人组建与创新应用
记录	2. 研究内容和拟解决的关键问题 根据人力巡逻的劣势以及目前相关研究中存在的问题，该小车应具备以下功能和特点： （1）巡线：能够沿着地面上预先画好的线条移动； （2）防撞：前方有障碍物时自动停车； （3）亮灯：夜间自动亮灯，照亮前方道路，防止行人绊倒； （4）视频传回：小车可向保安人员传送实时监控视频； （5）定时运行以及语音控制：到达预设时间自动开始巡逻，或通过语音控制主动开始巡逻。 考虑到本人能力和时间限制，现预计完成上述功能中的巡线、防撞、亮灯、定时运行以及语音控制功能，并制作原型机。视频传回功能暂时不作考虑。 二、课题研究取得的主要研究结果与结论 课题成果达到预期，实现了巡线、防撞、亮灯、定时运行以及语音控制功能。该部分的代码在第六部分的附录中。 1. 巡线 使用红外巡线模块。预先在地面上画好的黑/白线，使接收器接收到的红外线强度不同。可根据接收的数据，调整电机方向，使小车沿着地面上预先画好的黑/白线移动。 需要说明的是，由于本人 Arduino 技术水平有限，巡线部分的编程参考了商家提供的代码。 2. 防阻挡 通过在小区中的调查，我发现地面上常有未及时清扫的落叶，一旦此类低矮障碍物覆盖了地面上的黑/白线，小车就无法继续行驶。因此，我在小车前方增加了一个挡板，用于将障碍物清理到线外。 针对树叶这一阻挡物品，我选择了五种小区中常见植物的树叶进行测试。部分树叶会影响巡线功能，但能通过挡板解决。 因此，我认为该防阻挡设计能够有效解决地面障碍物的问题。

（续表）

课题名称	移动机器人组建与创新应用
记录	3. 防撞 为避免行人可能被小车撞倒，或是小车撞击到障碍物而损坏，特添加了防撞功能。 通过超声波传感器持续检测小车与前方障碍物的距离，一旦前方有障碍物且距离小于一定值时，小车自动刹车；当距离增大到一定值以上，小车继续通行。 4. 亮灯 考虑到小区部分地区光线较暗，黑暗中行人可能被小车绊倒，存在一定危险性，因此添加了亮灯功能。 当光线传感器检测到亮度过低时，小车自动亮灯，照亮前方路线，防止行人被绊倒；当光线传感器检测到亮度正常时，灯自动变暗。 亮灯的同时具备防抖功能，不会频繁闪烁。 5. 语音控制 考虑到保安人员的使用习惯，采用语音控制，操控简单。 通过 Python 实现持续录音识别，一旦识别到"开启"的语音指令，即可控制小车启动。 该功能需要连接电脑，并使用百度的语音识别服务。 6. 定时运行 考虑到保安人员的使用习惯，采用语音控制，操控简单。 通过 Python 输入精确到分钟的时刻，一旦到达该时刻，小车将自动启动。 由于语音部分需要持续识别，无法直接把语音与定时两个模块相结合，因此需要使用多线程以保证正常运行。 该功能需要连接电脑。 虽然该课题达到了开题时的预期，但仍存在许多不足和有待改进之处，具体如下： （1）需要增加联网的视频上传以及报警功能； （2）尚未实现脱机运行； （3）目前遇到障碍物只能暂停，尚未真正实现避障功能； （4）需要增加故障报警功能； （5）需要提高小车稳定性，减少脱线情况； （6）光线传感器和超声波传感器需要更多数据支持，以科学地决定何时亮灯、何时刹车防撞。 我期待以后能够有机会继续深入研究该课题。

（续表）

课题名称	移动机器人组建与创新应用
记录	三、课题特色或创新点 本课题的创新点如下： （1）采用红外巡线，小车可根据接收的红外线强度和宽度，沿着地上预先画好的黑/白线移动，该操作对编程技术水平要求低，符合保安人员需求； （2）控制手段多样，支持语音或定时启动，操作简单方便，定时功能可防止遗忘； （3）使用串口通信解决了 Python 与 Arduino 的兼容问题。 四、参考文献 ［1］徐华锋，陆靖雯，高依然.支持无线充电的智能循线小车系统的设计分析［J］.青年与社会，2019（20）：206，208. ［2］陈华志，谢存禧，曾德怀.巡逻机器人的研究现状与应用前景［J］.机电工程技术，2003，32（6）：19-21. ［3］《创客入门到实践——学以致用系列丛书》，师访编著。 五、项目研究后的心得体会及收获 参加本次工作站项目以来，我最大的收获就是对"实践"二字有了更深的体会。 在课题刚开始时，老师就强调，工作站的重点在于实践，而"实践"二字也确实贯穿了我的整个课题研究过程。 在课题研究过程中，我本来以为编写完代码就能解决问题，但实际上还需要考虑电路、电池电压、电机功率等问题。一开始，我对这些硬件并未引起重视，以为只要编写好程序，再连接好电路就能够完美执行。后来，我反复检查代码却没查出问题，这让我十分沮丧。现在我认识到，每个器件都是整体不可或缺的一部分，在课题研究时不应忽略任何一个细节。 比如，巡线小车中的"防阻挡功能"就是我实践的结果，源于我对生活实际的观察与思考。该功能看似简单，不涉及任何编程代码，但若没有这一设计，巡线小车就会显得华而不实，无法真正投入使用。 总之，该项目研究让我学会了更加脚踏实地地解决问题。

（续表）

课题名称	移动机器人组建与创新应用
工作站指导教师意见或辅导员意见	该同学对项目进行了结题汇报,针对研究目标提出了自己的解决方案,并制作了样机加以验证,表现出较好的科研潜质。
相关附件信息	CAR_Serial_1_.ino CAR.zip 结题报告.doc 韦其奕_结题 ppt.zip

学生的结题报告记录详尽地展示了课题的研究目的、所采用的研究方案、具体实现的功能、课题结论以及课题特色与创新。课题研究的程序代码、相关技术文档、结题报告以及结题汇报 PPT 均作为附件展示。

 案例3

恒星颜色的研究

（中国科学院上海天文台天文学实践工作站）

以恒星颜色的研究方向为例,分别从设计理念、课程要求和实施方式三个方面介绍中国科学院上海天文台天文学实践工作站的课程情况。

一、设计理念

考虑到高中生平常会在网络上或书本上看到彩色的星空,并对此产生浓厚兴趣,工作站专门设置了"探究恒星的颜色"这一课题。日常生活中所说的红、绿、蓝是对颜色的定性描述,而天文学中恒星的颜色是什么意思? 该如何定量表示呢? 如何获取恒星的颜色? 基于恒星的颜色又能分析出哪些物理性质呢? 这样的天文课题能够让学生将日常生活中的观察和体验与天文学知识关联起来,开放性较强,学生在获取基本知识背景后,可以提出不同类别和程度的研究课题。

二、课程要求和实施方式

学生应完成基本课题,再根据实际情况提出拓展课题并完成探究,体验一次完整的科创实践过程。

1. 天文学中颜色的认识和简单推算

先从日常生活中对颜色的认知入手,了解太阳光中能被肉眼看到的可见光是白光,而经过色散后,将被分解为红、橙、黄、绿、青、蓝、紫光。这里的颜色本质上反映的是光的频率。再从高中物理课本中波的知识入手,理解光是一种电磁波。光波的频率越高,可以定性地理解为其对应的颜色越蓝。所谓天文学中的颜色参数,即某天体在两个不同测光波段之间的辐射流量的差别。

这是进入后续数据处理和分析之前的重要步骤,从学生生活中的感知和在学校学习的物理知识出发,引申到天文学中常见参数的理解和初步推算。

2. 数据获取和处理:天文照片的测光分析

在观测类天文课题的实施过程中,数据获取、处理和分析是重要的一环。光学波段的原始数据主要分为两类:天文照片和光谱。在本课题的实践过程中,学生将有机会体验用光学望远镜拍照的过程。但由于天气原因,学生不一定能采集到课题所需的数据。因此,指导教师通常会提前准备一批数据,供学生在课题研究中使用。

本课题所使用的天文照片是用校园天文台中常用的爱好者级别的天文望远镜拍摄的,终端采用了 QHYCCD 进行 LRGB 拍摄,最终得到了天体在 RGB 波段的照片。学生会发现这些照片并非之前看到的彩色照片。通过实践,他们可以快速处理得到伪彩照片,但这并非课题的主要目的。在教师的指导下,学生将学会利用 MaxIm DL 软件对这些单波段的照片进行规范处理,识别出照片中很可能属于某星团的恒星,并获取它们的星等信息。再根据颜色的定义,计算出恒星的多组颜色参数(如 B-R、B-G、G-R 等)。

3. 数据分析:数据处理得到的恒星颜色与数据库中颜色参数的对比分析

如何判断第二步所获取的恒星颜色参数可用于恒星性质研究呢? 学生提

出,需要找到一个参照的颜色参数进行比较。这就自然引出第三步:针对一个样本中的多颗恒星,将 RGB 波段照片处理所得的颜色参数与天文研究者们工作中常采用的颜色参数进行相关性分析。例如,如果基于第一套测光系统得到的颜色参数记为 B-R、B-G,基于第二套测光系统得到的颜色参数记为 Bp-Rp,学生需要进一步分析两组颜色参数之间的相关性。

4. 拓展课题

拓展课题 I:探究不同波段之间星等的换算

在前面的基本课题中,学生接触到的观测数据处理源于 RGB 测光系统,而作为参照的测光系统则是另一个测光系统,如 Gaia 卫星巡天所采用的 Rp/Bp/Gp 测光系统。学生会进一步追问:如果我得到了恒星在 R、G 和 B 波段的星等,能否得到 Rp、Bp 的星等呢? 这就涉及利用两个测光系统描述恒星颜色参数之间的相关性以获取换算关系的问题。

该拓展课题较为直接,解决方案背后的原理已在第三步中体现,易于理解;而具体的解决技术就是中学生熟悉的方程组求解。

拓展课题 II:基于星团中的恒星颜色和视星等,推算出星团到我们的距离

天文学中,天体的一个重要参数便是它到地球的距离。如何基于星团中的恒星颜色和视星等,推算出星团到我们的距离呢?

对于星团中的一群恒星,它们到地球的距离是相同(近似)的。通过数据处理获得恒星的视星等和颜色,就能绘制出颜色-星等图。通过比较颜色-星等图与基于恒星演化模型给出的等年龄线(可理解为颜色参数与绝对星等的分布图),对于疏散星团,使主星序下部重合;对于球状星团,使各部分都大致重合。此时,就能拟合得到同一对象纵坐标读数之差(即绝对星等与视星等之间的差别,称作距离模数)。根据距离模数,就可以得出星团的距离。这种方法的出发点是认为所有主序星都具有相同的性质,同一颜色参数的所有主序星都具有相同的绝对星等。

该拓展课题较为深入,需要学生从对恒星的表象认识进入更深层,学习理解赫罗图以及观测上常用的颜色-星等图。在指导教师提供等年龄线模型的基

础上,进行纵向平移拟合,得到距离模数,进而推算出星团的距离。对赫罗图、颜色-星等图的理解,需要学生查阅大量资料并学习消化;而数据拟合和距离计算,所需要的数学基础和物理基础仍为中学水平。

拓展课题Ⅲ:构建恒星表面温度与颜色参数之间的对应表

拓展课题Ⅳ:多普勒效应对恒星颜色的影响

拓展课题Ⅴ:探究不同光谱型恒星表面温度的差别

拓展课题Ⅵ:探究夜晚人眼看到恒星颜色不丰富的原因

这些拓展课题是实践以来学生提出的较好课题,特点是从已了解的基础课题联想延伸,从日常生活观察的角度提出问题。针对这些课题,指导时的侧重点分别为:

拓展课题Ⅲ:通过分析观测数据,得到颜色参数后,是否可以初步估计出恒星的表面温度?建议学生先假设恒星表面的辐射接近黑体辐射,在给定不同表面温度的情况下,计算出颜色参数,再反过来查看能否给定颜色参数,得到表面温度。

拓展课题Ⅳ:建议学生先假设恒星表面的辐射接近黑洞辐射,计算出颜色参数;模拟在不同速度的情况下,由于多普勒效应造成黑体谱的变化,计算出颜色参数;再进行对比,分析得到多普勒效应是否会对观测得到的恒星颜色参数产生影响。

拓展课题Ⅴ:教师提供不同光谱型恒星的光谱,指导学生如何进行初步的恒星光谱分析。即并非传统性地通过谱线分析获取温度、重力参数等,而是让学生先体验性地用黑体谱拟合恒星连续谱,得到表面温度,再进行不同光谱型恒星的表面温度对比。将结果与参考资料中的信息进行对比,分析了解这样做的利弊。

拓展课题Ⅵ:教师指导学生先定量分析星空中人眼能明显区分出颜色的恒星(如猎户座α肉眼看起来偏红,一颗红超巨星),再对比那些人眼不能明显区分出颜色的恒星,比较它们的颜色参数数值有什么区别。由于该课题还涉及生物学,建议学生另外查阅人眼的两类细胞的工作特点。关于交叉的内容,建议学生查询相关材料后再进行合理的分析。

沉浸式交互重激励

引导学生沉浸式探索，激励未来创新者加入上海市青少年科学创新实践工作站，开启一场前所未有的沉浸式科学探索之旅。

我们深知，每一个青少年都蕴藏着无限的科学潜能与创新活力。因此，工作站精心打造了一系列激励机制，旨在激发学生的科学兴趣，培养学生的创新能力，让每一步探索都充满动力与收获。

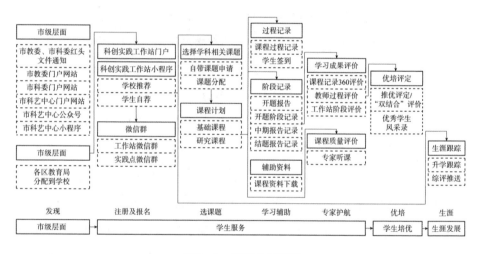

图 5-1 沉浸式探索图

一、数字化平台全面覆盖

通过上海市教育委员会、上海市科学技术委员会门户网站以及市级总站的"上海市科艺中心"公众号、"上海青少年科创"公众号等权威平台的数字化管理，确保各级人员能够轻松获取招募信息，不错过任何一个加入科学创新实践大家庭的机会。

二、注册报名，轻松入站

无论是学校推荐还是学生自荐，只需通过总站的工作站门户或工作站小程序，简单几步即可完成注册与报名。报名成功后，学员将加入一个充满活力的工作站，与志同道合的伙伴们共同探索科学的奥秘。

三、选课题，定制科学之旅

工作站总站依据年度学科培育方案，为学生提供了丰富多样的学科与课题选择。同时，也鼓励学生自带课题进行申请，让学生的科学探索更具个性化。针对学生选择的课题，工作站将从基础课程与研究课程两个方面，为每名学生量身定制翔实的课程计划，确保学生在每一步探索中都能收获满满。

四、学习辅助，全程护航

在探索科学的道路上，工作站总站的信息化平台为学生提供了全方位的学习辅助。多样的课堂形式、签到与过程记录，让学生对每一次课程都能留下深刻的印象。关键阶段的表单式引导，能帮助学生轻松完成开题报告、阶段记录表等，使学生的研究更加规范、有序。同时，信息化平台具有共享课程资料、在线学习及下载共享学习资料功能，打造了 24 小时全时空的学习空间，使学生的学习更加便捷、高效。

五、专家护航，提升教学质量

为保证每个工作站的教学指导质量，工作站总站建立了课程专家团队，依托学科专家库，制定了严格的听课评价机制。专家们将走进工作站和实践点，即时对工作站教师的教学及指导课题研究的质量作出评价反馈，确保学生的学习体验始终处于较高水平。同时，还提供 360 度全方位的评价体系，分析培育过程中的关键点和薄弱点，为学生提供个性化的辅导与课题研究支持。

六、优培推优，激励全面发展

工作站采用"双结合"评价体系，从合格性指标与发展性指标两个维度，全面评估学生的学习成果、研究性学习能力以及科学创新潜质。学生将有机会获得推优评定，成为科创小达人。

七、生涯规划，助力未来发展

通过参加工作站，学生将获得一次完整的科学经历、一份科学的研究成果和一套全面的评价模板。这些宝贵的经历与成果，将被推送至高中生综合素质评价系统，记录于创新精神与实践能力内容板块。同时，市级总站会对工作站学员的后续发展进行跟踪与分析，了解工作站培育经历对学生生涯发展的影响，助力这些学生的科创成长之路。

工作站是青少年科创后备人才沉浸式探索科学、激发创新潜能的理想之地。刘嘉阳同学的经历就是一个典型的例子。

在科研的浩瀚星空中，刘嘉阳这名来自上海交通大学附属中学嘉定分校的年轻学子，犹如一颗熠熠生辉的新星。他的眼神中闪烁着对科学无尽的渴望与执着。他对科学进步的独到见解，不仅源于课本上的知识，更源于他对生活的敏锐观察和大胆想象。

那是一个周末，阳光洒在嘉定的大街小巷，刘嘉阳驱车来到一个繁华的商业区，绕了数圈，始终找不到车位。最终，车只能无奈地停在路边。这件事让他深切地感受到停车难带来的困扰。他意识到，这不仅是他个人的问题，更是许多车主的共同烦恼。

回到学校后，刘嘉阳开始思考如何解决这个问题。他查阅了大量资料，发现虽然有些地方通过优化管理手段缓解了停车难的问题，但效果并不理想。他认为，要想真正解决停车难的问题，必须从源头入手，提高车位的流通性。

一次偶然的机会，刘嘉阳参加了学校组织的上海光机所实践活动。在这里，他首次接触到光纤这一神奇的材料。他惊讶地发现，光纤不仅用于网络通信,还能在物理信息感知领域发挥巨大作用。他仿佛打开了一扇通往新世界的大门,心中涌起了一股强烈的冲动——或许可以利用光纤来解决停车难的问题。

在导师的指导下,刘嘉阳开始深入了解光纤的特性和应用。他了解到,光纤光栅是一种具有特殊结构的光纤,当光射入光纤光栅时,其反射光波长与光栅条纹间距密切相关。而温度、应力等物理量的变化会导致栅距变化,进而改变波长。这一发现让刘嘉阳看到了解决问题的曙光。

他设想,可以将光纤光栅应用于停车系统,通过检测车位上的压力变化来判断车位是否被使用。当车辆停放在车位上时,会对车位产生一定的压力,导致光纤光栅的栅距发生变化,进而改变反射光的波长。通过检测反射光的波长变化,就可以判断车位是否被使用。

为了验证这一想法,刘嘉阳开始了艰苦的实验过程。他在光机所专家的指导下,学习了光纤光栅的结构和工作原理,并亲手制作了光纤光栅应变传感器和光纤光栅分析仪。他将传感器安装在模拟车位上,通过改变施加在车位上的力的大小来模拟车辆的停放和离开。同时,他使用光纤光栅分析仪来检测反射光的波长变化。

实验过程并非一帆风顺。在施力过程中,他很难控制作用力的集中和分散,导致传感器受到不均匀的力的作用,从而影响了数据的准确性。此外,当压力较小时,波长变化并不明显,给测量带来了很大的困难。然而,刘嘉阳并没有退缩,他不断调整实验方案,改进测量方法,努力克服各种困难。

经过数次的尝试,刘嘉阳终于获得了理想的数据。他通过数据处理软件对实验数据进行拟合分析,成功得出了波长与压力之间的关系。这一结果表明,利用光纤检测车位是否被使用是完全可行的。他兴奋地将这一成果展示给导师和同学们看,得到了他们的高度肯定。

这次科研实践让刘嘉阳深刻体会到主动学习的重要性。在光机所里,他不仅要学习课本上的知识,还要主动查阅资料、翻找论文,以增加对光纤的了解。他发现,科研并不是一蹴而就的事情,而是需要不断地探索和实践。只有不断地学习新知识、掌握新技能，才能在科研的道路上越走越远。

这次经历也让刘嘉阳更加明白自己肩负的责任和使命。他意识到，作为新时代的青年学子，应该积极投身科技创新，为国家的科技进步和经济发展贡献一己之力。他决定将自己的科研成果应用到实际生活中，为解决停车难等社会问题作出自己的贡献。

回顾这段经历，刘嘉阳感慨万分。"吾尝终日而思矣，不如须臾之所学也。"他深刻地体会到，科创并非凭空想象，而是需要对事物进行多方面的认识和深入的思考。科学就在我们身边，只有不断思考、不拘泥于固定认识的人，才能抓住灵感的火花，推动科学的进步。

如今的刘嘉阳已不再是那个对停车难感到无奈的少年了。他靠自己的智慧和汗水找到了解决问题的方法，并成功地将其付诸实践。他的故事告诉我们：只要有梦想、有勇气、有毅力，就一定能在科研的道路上取得成功。期待这名年轻的科创小达人未来能够创造更多的奇迹！

数字化展示显成效

　　上海市青少年科学创新实践工作站正以独特的数字化魅力，绘就一幅科创育人的壮丽图景。

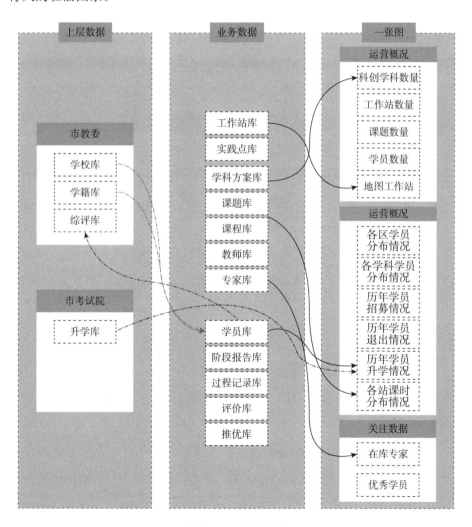

图5-2　数据图谱

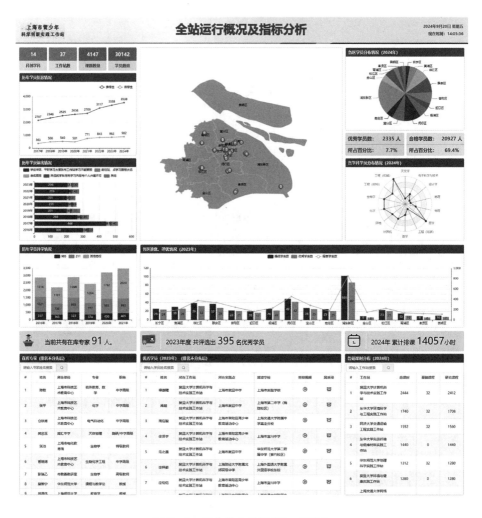

图 5-3 工作站全站运行"一张图"

工作站信息平台强大的数据库支持,确保每一名参与学员学习过程信息的真实性与有效性,为工作站项目培育情况的数据共享与深度分析奠定坚实基础。

上海市青少年科学创新实践工作站平台的高效运行,不仅激发了青少年对科学创新的浓厚兴趣,更在无形中构建起一个庞大的数据池。该数据池涵盖工作站库、实践点库、学科方案库、课题库、专家库等十二大核心数据库,多维度、多层次地记录了青少年在科创实践中的成长足迹。

面对数据分析的挑战,市级总站巧妙地将"一张图"作为破解密钥,将海量数据转化为直观可视的智慧结晶。这张图如同一扇窗,清晰地展现了工作站的整体运行概况,从地图上的工作站与实践点分布情况,到工作站学科数量、工作站数量、课题数量、学员数量的动态变化,一目了然。

这张图更是一个深度洞察的工具。通过对各区学员分布情况,各学科学员分布情况,历年学员招募、退出与升学情况的细致剖析,以及对各站课时分布情况的精准把握,我们得以深入了解青少年科创教育的现状与趋势,并以此指导市级总站科学调整相关决策与资源配置。

在这张图上,在库专家与优秀学员的身影熠熠生辉,成为工作站项目成效的焦点。这不仅是对他们个人成就的肯定,更是对上海市青少年科学创新实践工作站育人成果的生动展示。

"一张图"的数字化展示,不仅使工作站的成就跃然眼前,更让我们看到了上海市青少年科创后备人才培育的无限可能与美好未来。

第六章
杏坛春晖育当下

　　工作站及其实践点还连接着大学与大师。在形式多元、内容丰富的活动中，在攻克难题、解决问题的过程中，一批又一批教师完成了蜕变。他们从默默无闻到崭露头角，成为学生衷心拥戴、社会高度倚重、自身也满怀强烈职业认同感的名师。这些教师就像源源不断的火种，为科创教育事业注入蓬勃动力，让这股教育浪潮生生不息，持续奔涌向前。

白玉兰的种子

——上海市青少年科技创新人才培养

多维互动，开展联合教研

　　为贯彻落实《教育部关于加强和改进普通高中学生综合素质评价的意见》《上海市深化高等学校考试招生综合改革实施方案》等文件精神，2016 年 4 月，上海市教育委员会、上海市科学技术委员会在全市范围内组织实施了工作站项目。经过多年发展，已形成以"一站四点"为基点、以"创新实践"为核心、以"2—37—148"的三级管理体系（即 2 个市级总站、37 个工作站、148 个实践点）为支撑的庞大的科创育人网络，开设了生物学、医学、化学、计算机、环境、数学、工程光学、工程机械、天文、园艺、物理、地理、设计、电子科学与技术等 14 类科创课程。工作站充分挖掘高校及科研院所教师资源，组建了一支师德品行高、专业底蕴深、教学能力强、教育视野宽的指导教师团队。通过架构跨体制、跨领域、跨学段的"立交桥"，工作站打通了"高校—科研院所—普通高中—科普场馆"的互通链路，实现了"院士大咖—科研人员—科学教师—有志青少年"的长程链接。

　　项目开展以来，累计完成各类业务培训与联合教研 30 余场，累计参与单位 40 家，参与教师达到 3168 人次。在此过程中，涌现出一大批具有代表性的科创课程、项目以及人才孵化案例，实现了上海市科技与教育体系的大联合、大合作和大发展。

一、博采众长，市级联合教研促进思想大碰撞

　　工作站年度联合教研大会是深度学习、智慧共融的海洋，来自全市的科技与教育单位代表在这里碰撞思想、博采众长。在历年的教研大会上，上海科普教育促进中心深度解读了工作站管理规章制度、实践点申报以及优秀学生评价的实施办法；上海市科技艺术教育中心全面介绍了工作站课程管理的总体情

况、等级评定、过程记录和信息化管理平台;复旦大学基础医学实践工作站、复旦大学环境与健康实践工作站、中国科学院上海天文台天文学实践工作站、中国科学院上海技术物理研究所红外物理与光电技术实践工作站、上海交通大学机械工程实践工作站、上海交通大学创新设计实践工作站、华东师范大学化学实践工作站、上海师范大学生物与环境实践工作站等多个工作站,从目标理念、课程设计、课程实施、考核评价、问题思考等方面进行了全面交流。

在分学科联合教研环节,来自不同工作站和实践点的负责人及指导教师围绕同一学科开展深入探讨。以 2024 年度联合教研大会为例,各学科组先就工作站课程设计及课题研究的设计理念进行介绍,然后学科组长针对前期课程评审情况进行反馈,并指导后续课程实施计划及进度,最后学科组内各站点进行经验交流。

华东师范大学生物学实践工作站教师牛延宁表示,联合教研与实践点和其他工作站的研讨交流让他受益匪浅。比如,在课程设置方面,可以鼓励学员根据自己的实际情况选定个性化小课题,最大限度地调动学员的积极性。上海工程技术大学交通运输工程实践工作站教师黄怡青认为,联合教研不仅是一次难得的学习机会,更是一次经验碰撞、丰富阅历的过程。通过学习各工作站的经验,她对课程设置、平台架构、工作目标等有了更深刻的了解。

年度联合教研大会为各站点充分总结教学经验、发现教学问题、研究教学方法、提升教学成效提供了有效助力。

二、强强联手,站点联合教研促进科教大融合

站点联合教学研究是教学相长、相互促进的契机,各工作站和下属实践点立足优势学科,实现强强联手、合作互赢。

以中国科学院上海天文台天文学实践工作站和上海市上南中学的强强联手为例。

中国科学院上海天文台(以下简称“上海天文台”)天文学实践工作站拥有丰富的科普教育经验。项目成立后,凭借精干的管理团队、完整的运行体系、完

备的培养方案和学生评价体系以及成熟的专家团队,为青少年设计了太阳系天文、数据挖掘、恒星天文及引力和对地技术研究 4 个方向的 12 个课题。工作站为学生全面体验天文科学实践提供了平台,引领实践点成长,同时探索并形成了可复制的科普教育内容,为进一步推广奠定了基础。

2016 年工作站建立之初,上南中学就成为上海天文台天文学实践工作站所辖实践点之一。作为一所全国科技艺术教育特色学校,上南中学在"爱国、科学、人文"的现代办学理念的指导下,积极开展天文、环保等丰富多彩的学生社团活动,形成了科创教育与人文教育相结合的办学特色。其中,天文爱好者俱乐部是最具特色的社团之一,成立 20 余年来,培养了一批又一批专业的天文爱好者。

上海天文台天文学实践工作站的指导教师和辅导员每年都会走进上南中学,组织学生选题,并开展基础及研究课程授课。除了上南中学天文社教师温安林等深度参与课程设计和授课过程外,工作站部分课程也会同步向上南中学天文社成员开放,有效促进了科教融合、教学相长。近年来,在上海天文台的指导和支持下,除专业天文研究型课程和天文社团外,上南中学还开设了面向全体高一学生的每两周一节的普适性天文拓展课程。在工作站和校本特色课程的共同孵化下,一批学生由此走上了钟爱的天文事业之路。如今,上南中学的某些毕业生已成为上海天文台的在读博士研究生。

再以中国科学院上海技术物理研究所红外物理与光电技术实践工作站和上海市闵行中学的联合为例。

中国科学院上海技术物理研究所(以下简称"上海技物所")红外物理与光电技术实践工作站以航天、航空遥感技术应用为背景,围绕红外物理与光电技术等学科安排特色课程,将高大上的航天工程技术问题转化为接近学生生活、集科学性与趣味性于一体的创意小课题。工作站安排理论功底扎实、工程经验丰富的科研人员指导学生开展课题探究工作,让学生了解科学研究的一般方法,接触物理学等前沿科技知识,提升创新精神与实践能力。

2016 年工作站建立之初,闵行中学就成为上海技物所所辖实践点之一。该校积极探索适应新时代科技人才培养的现代学校科创教育模式,传承和发展学校优良传统,以创新思维培养为核心,以创新能力提升为实现手段,以创新人格培育为动力系统,点面结合,从学生的兴趣、志向、态度和精神出发,形成了以创新素养培育为核心的闵行中学科创教育模式。

得益于"站—点互动体系",多年来,上海技物所与闵行中学在课程共享、活动开放、课题指导、成果展示、场馆建设以及项目申请等方面开展深入合作,不断丰富工作站和校本课程体系,取得了良好成效和广泛的社会影响。除工作站日常运行外,站点合作还包括:技物所红外物理与光电技术实践工作站向闵行中学未名科学社成员开放"院士开学第一课"等公共基础课程以及特色科普开放活动,拓展学生的科技视野;组织专家对闵行中学部分学生科创课题进行指导,如2023年邀请中国科学院空间主动光电技术重点实验室科研人员指导"单光子探测"课题,该课题获得了市级青少年科技竞赛奖励;邀请中学科学教师深入参与课程设计、课题评审、学员推优答辩等工作;指导学校建设创新实验室以及参与建设"川上美集"党群服务站科普展示区等科创科普场馆;邀请闵行中学科学社成员在研究所"公众科学日""科学节"等年度重大科普活动中向公众展示科创成果;联合申请2024年度闵行区科普项目;等等。闵行中学实践点负责人苏宇彤表示,在参与课题的过程中,自身的教学能力也不断提升。工作站还搭建了中学科学教师与科技工作者之间的"直通车"。工作站不少导师从事光谱和视觉识别研究,苏老师在接触学习后对计算机视觉产生了浓厚的兴趣,并结合自身对青少年开展的单片机教育进行探索。此外,苏老师参与了华东师范大学版普通高中教材的编写工作,将一部分实践内容写入高中信息技术教材,自己也成长为"闵行区初高中研究性学习课题"专家组评委。

2023年,上海天文台天文学实践工作站、上海技物所红外物理与光电技术实践工作站、上南中学实践点的青少年科创成果受邀在以"科学教育:为创新人才培养注入新动能"为主题的长三角地区基础教育课程教学改革论坛上进行展示。来自江苏、浙江、安徽、上海"三省一市"的教育行政部门、教学研究部门、教材出版部门、学校和教师代表300余人参加了此次论坛并参观了主题展览,反响热烈。

平台再塑，聚合科技名师

人才培养离不开优质教育资源的有力支撑。教师作为教育的核心力量，其素质与能力直接关乎青少年科创教育的成效。在这片创新实践的土壤中，他们肩负着播撒希望、培育未来的重任。重塑教育平台，汇聚一批优秀的科技名师，将为上海青少年科创教育事业的繁荣注入源源不断的活力与智慧，推动教育质量实现质的飞跃。

一、名师大家组团指导，引入梯度化科研团队

多年来，工作站组建了由科学家顾问、专家、导师、助教构成的导师团队。这支团队师德品行高、专业底蕴深、教学能力强、教育视野宽，采用多导师线上线下辅导的方式，满足学生自主探究学习的需求。名师大家、科研工作者走进课堂，走近学生，指导学生开展课题研究，有效实现了高质量师资团队对中学生科创教育的高质量正向导入。

闻玉梅、杨雄里、褚君浩等成就卓越的院士、知名专家的讲座和辅导，带给学生的不仅仅是科学知识和创新精神，更是科学家身上散发的人格魅力。他们对工作的严谨态度、对科学的执着追求以及对祖国的满腔热爱，润泽了学生的心田，点燃了他们不畏艰难的求索热情，涵养了他们心系天下的人文情怀。闻玉梅院士认为，学生应在工作站收获兴趣、主动性与快乐。报名参加工作站的学生投身科学研究一定要主动，必须从自己的兴趣出发，通过观察、发现、发明取得研究成果。褚君浩院士认为，新质生产力是创新驱动的高品质生产力。"新"即"创新"，"质"代表高品质。他强调要大力培养青少年对科学的兴趣，让他们感受到科学的奇妙，从而激发更多的创新和创造力。

比如，华东师范大学生物学实践工作站聘请生命科学学院长期从事科学研

究和教育教学的专任教师担任指导教师,形成了一支优秀的教师队伍。其中,赵云龙教授是上海市普通高中非统编《生物学》教材的总主编,姜晓东教授是国家一流本科课程"水生生物学"的主讲教师,张美玲教授、张伟高级工程师分别是上海市一流课程"见微知著:微生物与时代挑战""植物生理学实验"的主讲教师,贾彩凤、刘敏、尹尉翰、高良才等教师均编著有本学科领域的实验教材。基于学校的教师教育特色,华东师范大学生物学实践工作站将青少年科创后备人才的培养工作与未来教师创新意识和能力的培养相结合,平均每年有近20名研究生、高年级师范生参与项目指导,师生比接近1:4。

再如,中国科学院上海技术物理研究所红外物理与光电技术实践工作站聘请匡定波、薛永祺、沈学础、王建宇、褚君浩、孙胜利等院士作为项目专家组成员,每年为入站学员讲授"开学第一课"。每个课题至少聘请2名长期从事红外物理前沿科学研究、关键核心技术及组部件研制攻关以及参与国家重大科技任务的科研人员(副高级以上职称)担任主要指导教师,打造了一支有情怀、勇担当、能力强的教师队伍。红外科学与技术重点实验室(红外物理国家重点实验室)邵军研究员、"风云四号"气象卫星干涉式大气垂直探测仪副主任设计师孙丽崴研究员、中国空间站问天实验舱生命生态科学实验系统主任设计师郑伟波研究员、探月工程嫦娥着陆器系列激光测距敏感器主任设计师黄庚华研究员等分别担任分课题负责人。同时,依托研究所红外光电科普志愿者团队中的青年科研人员、在站博士后、在读研究生,打造了一支精干的专业助教队伍。每年参与工作站课题指导的人数(含助教)在65人左右,师生比接近1:2。

上海交通大学机械工程实践工作站成立于2016年,是上海市教育委员会、上海市科学技术委员会首批公布的25个上海市青少年科学创新实践工作站之一。工作站站长为学生创新中心总工程师冷春涛。他依托工作站的多年实践经验,创立"科创青禾"品牌,推动青少年科创教育普及,同时积极将大学教育资源转化为青少年科创课程,建设青少年科普基地,投身于青少年科创教育,被教育部和中国科协青少年科技中心评为优秀科技工作者。"科创青禾"是由上海交通大学学生创新中心发起的一项计划,旨在将人工智能、机器人学、无人机技术等尖端科技知识传授给青少年。该计划为大一新生量身定制了"工程实践"等一系列课程,为设立在交大的机械工程实践工作站提供了坚实的资源支持。冷老师作为"科创青禾"计划的积极参与者,对青少年科技创新教育具有敏锐的洞察力和前瞻性。他认为,通过在交大设立的机械工程实践工作站培养高中生,能够积累宝贵的经验。这些第一手反馈被用来优化和调整交大为新生量身打造的创新课程系列。通过这种双向互动和知识流动,交大的"科创青禾"品牌课程和青少年机械工程实践工作站共同构建了一个充满活力、持续进步的科创教育生态系统。前来参加实践学习的高中生切实感受到了这种优良的生态,他们乐此不疲地往返于家和大学校园之间。上海交通大学的新校区坐落于上海西郊的一片宁静郊区。对居住在繁华都市东部的学生而言,这段路程无疑非常遥远。然而,没有一位同学因此缺席过任何一堂课。冷老师说,有一名来自上海市敬业中学的学生给他留下了深刻的印象。这位同学的家位于浦东,为了参加一次实验,他需要换乘三次地铁,路上要花费大半天的时间。尽管如此,他对工程技术的热情丝毫未减。即使在高考中未能如愿进入心仪的专业,他依然与工作站导师保持密切联系。后来,这位同学在大学校园里发起并组建了一个机器人社团,将他在交大工作站的所学转化为实践。现在,他还时常回到交大请教曾经的导师,致力于社团的建设和发展。交大机械工程实践工作站的老师和同学们的双向奔赴,让教育在这里画了一个美丽的圆:在实践中学习,在学习中创新,在创新中实践。

　　复旦大学基础医学实践工作站是首批 25 个工作站之一。该工作站由复旦大学基础医学国家级实验教学示范中心主任、教育部"英才计划"导师钱睿哲教授任站长,成立了以复旦大学上海医学院党委书记袁正宏为首的专家团队,闻玉梅院士担任顾问。工作站充分依托复旦大学基础医学国家级实验教学示范中心和临床技能学习中心,充分利用工作站和实践点的学习资源、师资力量以及在线学习平台的功能,开展线上线下混合式教学。各导师组设计特色课题,并组织学生到复旦大学枫林校区开展小课题活动。

　　此外,工作站还提供丰富的在线教育和虚拟教学资源,供学生自主学习。

值得一提的是,工作站的讲座邀请了许多大咖级人物:袁正宏教授谈"病毒与人类的关系",雷群英教授讲"肿瘤:特殊的代谢性疾病",周行涛教授谈近视防治,董健教授讲"腰突症的诊断与治疗",吕鸣芳教授谈"疫苗的故事"……学员们选报的小课题研究既贴合实际、形式多样,又难易适中。在指导教师的悉心指导下,这些课题研究初具雏形。工作站的活动为学生的课余生活增添了别样的风采,小课题研究更是工作站活动的一大亮点。工作站还开通了自己的公众号。公众号中的"实践小感"系列,记录了学生在工作站学习及小课题研究中的所思所感,也为下一届学员的课题选择提供了参考。公众号的推出进一步扩大了工作站项目的社会影响力。

同济大学物理科学与工程实践工作站秉持"认知·实践·创新"的教育理念,依托上海自主智能无人系统科学中心、先进微结构材料教育部重点实验室、上海市特殊人工微结构材料与技术重点实验室、同济大学物理实验中心等教学科研平台以及物理学院科研一线的专家师资,开展面向青少年的科创教育实践活动。物理学院多个专业背景的专家组成中学生科研课题指导团队,对每年 4 个实践点的共 120 名学生进行物理学科科学课题研究的全程指导,每位学员开展创新实践不少于 40 课时。工作站为青少年提供科学研究所需的计算分析与高精度实验测量条件,鼓励青少年加入物理学院各专业课题组,大胆提出新的研究课题,并通过计算、实验、讨论等多种方式参与课题研究,培养基本的科学研究能力。工作站每年通过系列课程引导学生自主设计创新课题。2021 年引导学生自主开展小课题研究 74 项,2022 年 63 项,2023 年 76 项。近年来,工作站学员在各项科创赛事中取得了优异成绩,各类科创成果累计 40 多项。

2024 年新成立的上海科技大学智能芯片与信息技术实践工作站联合学校的信息科学与技术学院、生物医学工程学院、量子器件中心以及多个省部级以上的科研平台,为学员提供一流的微电子领域教学师资和科学创新实践资源。指导教师阵容包括:国家自然科学基金"外国资深学者"基金获得者,上海科技大学后摩尔器件和集成系统中心主任、学术委员会主任,上海高能效与定制人工智能 IC 工程研究中心主任哈亚军教授;生物医学工程学院常任轨副教授、研究员张寒;材料器件中心副主任方维政高级工程师;等等。

　　下面是工作站指导教师的感悟。华东师范大学生命科学实验教学中心的张伟老师在中学时就是一名学习成绩优异的学生。在大学执教多年,他见过许多从各个重点中学考入"双一流"高校的学生。这些天之骄子们走进自己理想的校园,重点中学的光环也自然延续下来,所有人都认为这是理所当然的。然而,现在张老师有了新的认识。这缘于他担任了华东师范大学生物学实践工作站的辅导教师。工作站为招收的 120 名高中生设立了动物认知行为观察、昆虫多样性研究等 10 余个生物小课题。作为指导教师团队的一员,张老师体验到了与大学任教时截然不同的感受。工作站的高中生来自上海各区不同的高中,其中大部分学生来自普通中学,学习成绩并不突出。但在做科学实验的过程中,这些学生展现出了令人惊讶的潜力。他们在学习热情、实验进展、结果获取等各方面的表现,与来自重点高中的学生不相上下。这一点引起了张老师的注意,他开始认真思考学校资源分配和学习环境对学生的影响,并总结自己的辅导经验,考虑将一些积极的案例编入教材。张老师对这些高中生的因材施教、个性化的辅导方式也收到了积极的反馈。大部分学生都受到了这段经历的影响,即使已经结束了在工作站的学习,遇到犹豫不决的问题时,他们仍会来找张老师请教,如高考填志愿、是否出国留学、组建生物社团等。有几个学生还直接报考了华东师范大学生命科学学院,成为张老师的学生。在工作站的工作和学习经历同时影响了师生双方,就像掠过地球的流星,虽然灿烂只是一刹那,但它在这一刻释放的化学物质已永久地改变了大气层。

二、做好科学教育加法,培养专业型科学教师

　　科学教师是中学生好奇心和想象力的播种者,是点燃学生求知欲和探索欲的启发者,是培养拔尖创新人才的主力军。如何实现对科学教师的科学培养,是工作站关注的另一个关键性问题。中小学科学教师是落实"双减"政策、实施科学教育的主体,也是做好科学教育加法的"关键少数"。2023 年 5 月,教育部等十八部门联合印发了《关于加强新时代中小学科学教育工作的意见》(以下简

称《意见》）。《意见》旨在适应科技发展和产业变革的需要，从课程教材、实验教学、师资培养、实践活动、条件保障等方面强化顶层设计，充分整合校内外资源，推进学校主阵地与社会大课堂的有机衔接，为中小学生提供更加优质的科学教育，全面提高学生的科学素质，培育具备科学家潜质、愿意献身科学研究事业的青少年群体。《意见》强调，要用好社会大课堂，统筹动员高校、科研院所等单位，向学生开放所属阵地、平台、载体和资源，并鼓励高校和科研院所主动对接中小学，引领科学教育发展。

相关研究显示，上海市科创教育仍存在一些突出问题，如高层次科学教师数量不够、科学教师职业素养有待提升、科学教师培养体系不够完善等。打造一支专业的科学教师队伍，可从以下几方面入手：一是关注科学教师的职前培养与职后培训，持续推动教师对学科核心概念、跨学科概念和科学工程实践的理解；二是提升教师的跨学科教学能力，结合新课改和科学教育的新要求，打造相关主题的跨学科项目，为学生提供更多元的学习体验；三是拓宽教师视野，邀请科学家、科研人员和科普工作者走进校园，为教师创造与专业科技工作者对话的机会，帮助教师更新知识体系、提升技能水平。

工作站项目能够为科学教师提供专业素养培训、跨学科教学体验，并迅速拓宽其视野。工作站在积极推进科学教育探索和实践的背景下，通过不断推进科学教师培养模式和机制的创新，促进高校和科研院所的智力资源与科研成果向基础教育延伸转化，一大批优秀科学教师脱颖而出。

多年来，一大批高中教师和区级青少年活动中心教师陪伴学生走进 37 个工作站。前沿知识的引领、大师名家的点拨以及基于未来教育观的课程理念和基于跨学科学习观的课程组织，令他们眼界大开，获益匪浅。下面，让我们一起来看几位教师的成长案例。

张奇平曾获上海市课外校外教师业务技能展示评比活动一等奖，是虹口区青少年创新大赛、"明日科技之星"和创意大赛的指导教师，同时兼任上海市校外教育科技创新教研组副组长。他曾先后荣获上海市"明日科技之星"优秀辅导教师、上海科技活动周先进个人、华东校外教育先进科研个人、虹口区教育系统骨干教师等奖项和称号。

2017年，从教经验尚不丰富的张奇平指导一名学生开展了一个动物学课题"微塑料对'鱼虫'——大型溞生长发育影响的初探"。张奇平回忆道："学生第一次来找我时，拿了一篇在网上看到的新闻——《警惕海洋中的新型污染物：微塑料》。她说，想做关于微塑料的课题。当时微塑料的研究还不太热门，我觉得可以尝试。"但是微塑料涵盖面太广，张奇平建议学生选择一个更小、更适合自己的选题。她指导学生查询文献，从实验的可行性和研究价值方面考虑，排除了很多方向，最终将选题聚焦于微塑料对淡水水生生物生活的影响。即便如此，研究选题仍显得过大。在决定选用哪种水生生物作为实验对象时，张奇平和学生犯了难。她们初步锁定了常见的水污染指示生物，但范围仍过于宽泛，难以抉择。

于是，张奇平抱着试一试的心态，联系了华东师范大学生物学实践工作站的教授。专家仔细听取了课题方案，建议选用鱼虫作为实验对象，通过观察鱼虫的生长和发育来研究水污染情况。此后，张奇平和学生与专家进行了多次沟通交流，最终确定了鱼虫的一种——大型溞作为实验对象。在课题研究过程中，专家提供了专业、及时的指导。最终，学生顺利完成了该课题研究，并在市级科技竞赛中获得了好成绩。"作为实践点指导教师，我在指导学生的过程中也逐渐补齐了知识短板。在华东师范大学生物学实践工作站教授的指导下，我与学生共同成长。"张奇平表示。

刘烨是上海市高中通用技术学科中心组成员、杨浦区骨干教师、上海市中小学劳动技术学科"青年才俊"培养项目成员。他参编教材1本，参与多项市级课题并获奖，参与多期"空中课堂"的拍摄，开设过多节市、区级公开课，并多次在市、区级教学比赛中获奖。他长期耕耘在教育一线，注重培养学生的创新意识和工程思维，专注于机器人教育在技术学科中的实践探究，指导学生开展课题研究并参加各类科技竞赛，收获了累累硕果。

2016年，刘烨成为中国科学院上海技术物理研究所红外物理与光电技术实践工作站复旦大学附属中学实践点的负责人。此后，他积极参与工作站的课程设计与教学。在每年的公共基础课授课环节,他为学员们开展"工程类课题的组织和实施"专题讲座,并在工作站的学生推优答辩中担任评委。"长期以来,复旦附中高度重视学生创新素养的培育,积极探索发现和培养创新人才的途径,确立了以拓宽学科视野、培育研究方法、聚焦科学精神、讲求时效管理、引导科研伦理为中心目标的培养体系。"刘烨说道,"工作站项目充分整合了科研院所和高校的资源与优势,有效衔接了院校联动的学生创新素养培养机制。近年来,与工作站导师们的广泛接触和良性互动,有效开拓了我的科技视野和教学思路,为我在校内指导学生开展科创工作起到了很好的推动作用。"刘烨表示,工作站导师团队指导学生选题、研究过程的设计与实践、撰写研究性学习报告等,并通过指导学生发表科研论文、参加科技创新类比赛实现科创成果转化,这种参与和共同指导的过程对教师自身来说也是一种学习和提升。

近年来,在工作站和刘烨的共同指导下,刘英杰、阮添亦、王祺坤、姬子翔、毛放飞等多名学生取得市级青少年科技奖励,课题内容涵盖食品检测、垃圾分类以及算法优化等多个领域。"跨学科科创研究存在无限潜能。意外的惊喜是,算法类研究等课题和我在学校指导的机器人社团的部分研究可以很好地结合,为下一代智能机器人传感技术优化提供思路。"随着工作站项目和复旦附中科技创新活动的深入与扩大,以及实践经验的不断积累,刘烨在学生培养过程中积累了丰富的经验。2020年,复旦附中成为上海大学机械工程实践工作站实践点,刘烨开启了同时兼任两个工作站实践点负责人的全新旅程。他表示,将不断挖掘学生潜能,培育科研能力,培养科学精神,激励和引导学生在成为科技之星的道路上继续前行。

杜锷曾获上海市"明日科技之星"导师奖、上海市长宁区教育系统"优秀共产党员"等荣誉。她指导学生获全国青少年科技创新大赛一等奖1项、二等奖1项、三等奖2项,全国"明天小小科学家"奖励活动二等奖1项,上海市青少年科技创新大赛一等奖22项。她还担任华东师范大学生物学实践工作站上海市延安中学实践点的负责人。

"科学教师需要为学生开展科创活动提供坚实支持。每当学生在开展课题探究过程中遇到挫折或困难，我深感责任重大，不能让这些满怀科学热情的孩子们就这样与科学擦肩而过。"杜锷说，"然而，作为中学教师，自身难免会因专业知识的局限而感到力不从心。因此，我总是积极寻找机会，帮学生与大学的教授专家牵线搭桥，以提供更科学、更专业的指导与支持。"上海市延安中学是华东师范大学生物学实践工作站的实践点，这为联系教授专家提供专业意见带来了极大的便利。

"曾经有一个高三毕业班的学生，学习成绩并不拔尖，但对科学充满热爱，尤其对生物学科情有独钟。在学习高中生物'植物的组织培养'这部分内容时，他对其中无性快速繁殖高等植物的技术十分感兴趣。可是学校没有无菌室，无法满足植物组织培养的要求，相关实验难以开展。事实上，很多学校都没有这个条件。他感到非常遗憾，随后提出了一个想法：是否可以在开放环境中进行植物的组织培养？"杜锷回忆，她和学生进行了反复讨论，但这还不够。她还邀请大学教授对课题进行跟踪指导，帮助学生不断修改和完善实验方案。"最终，我们确定选用大蒜汁抑制接种过程中的污染，探究不同浓度的大蒜汁对烟草愈伤组织形成的影响，观察统计烟草外植体的存活率、愈伤组织的形成及再分化情况，以期简化烟草组织培养的流程。"

杜锷深刻地意识到，在这一过程中，更有意义的是她和学生共同成长。"最欣慰的就是看到学生从青涩到自信。在与工作站教授共事的过程中，教师自身的能力也在不断提升。我相信，不管学生最终能否获得奖项，这些经历和体验都会成为他们难忘的记忆。我与学生在这个过程中一起感悟、成长，这段经历成了我们人生的珍贵财富。"

全程追溯，记录成长轨迹

上海市青少年科学创新实践工作站作为青少年科学教育的前沿阵地，汇聚了天文学、能源科技、中医药学、公共卫生、微电子、芯片科学等多个领域的顶尖专家。他们通过精心设计的课程和实践活动，帮助青少年提升科学素养，培养创新思维和实践能力。例如，左文文博士引导学生探索宇宙奥秘，郑思航老师协助学生设计未来城市节能方案，韩涵教授指导学生制备创新药物。每位专家都在自己的领域中取得了显著的科研成就，并将其知识与热情传递给青少年，为他们未来的发展铺路。

工作站以"全程追溯"为核心理念，通过系统性课程设计、个性化指导与实践探索，记录每一位青少年从兴趣萌芽到科研突破的成长轨迹。这些轨迹不仅是学生科学素养的积累，更展现了他们创新思维和实践能力的蜕变历程。工作站既帮助学生在科学实践中取得了显著的进步，也为他们未来的学习和职业发展奠定了坚实的基础，有效地促进了青少年科技创新教育，为培养未来的科学家和创新者提供了有力支持。

一、从兴趣到实践：科学启蒙的全程引导

（一）天文学：在星辰大海中埋下探索的种子

左文文博士是中国科学院上海天文台天文学实践工作站副站长。她通过"恒星光谱与图像分类"这一主题，引导高中生从基础观测迈向更深入的研究。当学生提出利用恒星光谱和图像对恒星进行分类时，左文文团队先肯定他们的创意，然后帮助他们细化问题。如果发现学生只是简单地拼凑专业名词，团队会根据实际情况，建议他们在创新的基础上调整课题。例如，将课题调整为"基

于图像对恒星颜色的研究""基于图像对不同演化阶段恒星的研究"或"基于光谱对恒星的初步分类"。考虑到光谱分析技术要求较高,指导教师建议学生先从图像研究入手,再逐步扩展到光谱信息。在学生完成基本课题后,教师鼓励他们深入挖掘数据中的新问题。例如,学生可能会研究某些数据点为何偏离预期,进而发现特殊恒星类型;或者探究恒星颜色参数,解释古希腊和中国古人对天狼星颜色的不同描述。

左文文团队不仅传授知识,更注重教授学生研究方法,指导他们学会选题、查阅文献和分析数据。针对选题、文献查询和阅读,团队还专门开设了相关课程,并准备了丰富的材料,以帮助学生更好地掌握研究方法,为他们未来的学术发展打下坚实的基础。

程泉润是中国科学院上海天文台的博士研究生,于 2022—2024 年担任中国科学院上海天文台天文学实践工作站的辅导员。他所教授的课程聚焦车辆自动驾驶及导航领域,强调利用卫星和惯导设备提升定位精度的实际应用。通过使用适合青少年水平的编程平台,学生们不仅提升了对科研软硬件的熟悉程度,还增强了动手能力,加深了理论知识,特别是在高精度卫星与惯导组合定位、线性代数以及概率论方面。

程泉润与学生的互动不仅限于课堂内容,他还分享了自己的研究生生活,并为有志于从事天文或卫星相关工作的学生提供了有关专业选择的建议。这些交流不仅激发了学生的好奇心,也让他们对未来的职业道路有了更清晰的认识。特别值得一提的是,2022 年的一位学生周曼凇在课程大论文中展现出远超本科生水平的能力,这让她在组会中获得了导师们的一致认可。课后,程泉润向她推荐了几所天文学特色大学。令人惊喜的是,这位学生最终考上了其中一所"双一流"大学,并向程泉润表达了感激之情。

这样的反馈让程泉润深刻体会到教育工作的意义和价值。他认为,虽然工作站的课程可能无法直接传授多少"实用"的应试知识,但它确实能在学生心中种下探索科学的种子,这粒种子或许会在未来的某一天开花结果。这种与学生共同进步的经历,不仅赋予课程深厚的底蕴,也让程泉润在教育和科研的道路上充满力量。正如他所坚信的,科学的魅力在于它永远不会舍弃那些真正热爱它的人。

(二)能源科技:未来城市的创新实践者

王欣是上海交通大学能源科技与未来城市实践工作站的助理研究员,也是该工作站的导师。她专注于运筹优化及智能设计研究,主张变革传统培养模式,通过"大中贯通"强化基础教育与高等教育之间的联系,推动拔尖创新人才的培养。

针对青少年主动学习养成困难、动手能力薄弱、工程专业素养不足等问题,王欣采用了启发式、互动式和项目式的教学方法,并建立了多元化的学生评价体系。她注重合作探究、团队协作和心理成长,帮助学生在实践中学习,发现问题并解决问题。例如,在"家庭厨房控油助手的设计与研究"项目中,学生以日常生活实际需求为驱动,设计并执行研究方案,在真实情景中进行设计及测试,不仅提升了观察能力与实践能力,还实现了知识的全面提升。

在她的指导下,有学生获得了上海交通大学青少年科创实践工作站优秀学生的称号,并在第二届 IEEE 设计科学国际学术会议上进行了全英文口头汇报,还开展了国际合作研究及交叉学科创新设计。

在指导学生开发绿色农业植物智慧养护系统的过程中,王欣带领大家经历了一段充满挑战又收获颇丰的旅程。

起初,由于相关经验不足,学生对农业科技的实际需求缺乏直观了解。为此,王欣组织了实地考察活动,让学生通过观察从业者在养护植物过程中遇到的问题,切身感受精准养护对提高作物产量的重要性。通过与从业者直接互动,学生们深受启发,认识到智慧温室管理系统对实现智慧农业全面发展的实际意义。

在技术层面,学生对模型设计、传感器布置、Arduino 编译、硬件控制等概念知之甚少,信心也不足。为此,王欣安排了多次工作坊,邀请本硕博学生进行现场教学。通过朋辈陪伴成长和个性化辅导提升,学生们逐步夯实了理论基础,深入探究了相关知识。此外,王欣还组织了定期反馈会,设置小班技能课及实验室教学,鼓励学生分享各自的进展与挑战,从而增强了团队协作能力,提升了沟通技巧。通过制作甘特图进行项目管理,学生们还培养了系统性思维。

最终,学生们成功完成了植物智慧养护系统的搭建。该系统通过传感器实时监测土壤湿度、光照和温度,并利用智能算法自动调节灌溉和施肥。这一成果得到了评委老师的高度认可。通过这个项目,学生们不仅在技术上取得了显著进步,还对绿色农业和可持续发展有了更深刻的理解。

郑思航是上海交通大学能源科技与未来城市实践工作站管理员,负责统筹工作站的课程方案制定、学员事务和辅导员管理等工作,并开展专题授课。基于上海市中学生教育培养方针,结合上海交大动力工程及工程热物理学科的优势,郑思航以未来城市为切入点,结合创新实践基础、能源科技和人工智能等技术,参与制定面向青少年的创新实践培养方案。他累计参与完成了"智慧生活——神奇的电与磁"等 20 余个小课题和项目案例集,并形成了相应的教学大纲、课件、教具及操作视频。

郑思航引导青少年大胆畅想未来城市在节能减排、能源分析利用、交通和智慧生活等领域的场景,并开展创新工程实践,全面提高青少年的设计思维能力和动手实践能力。同时,他还结合产品开发相关知识,贴合工程实际与市场需求,为青少年创新实践提供指导,以提高创新实践项目的立意水平和市场价值。针对青少年动手实践能力、设计思维能力和产品开发能力的培养,郑思航开发了分层次、逐步推进的项目课程单元,并依托院校资源开展动手实践,累计超过 200 名学生参与到科学研究课题中。在他的指导下,学员在科创类竞赛中取得了优异的成绩。

此外,依托工作站的课题内容及相关扩展知识,郑思航结合时事热点与学生兴趣爱好,指导学生在"SJTUME 锤锤"微信公众号开辟了"锤说科普"专属板块,发布了 20 余篇原创科普内容,阅读量达 2 万余次,进一步提升了工作站的科普成效,扩大了科普范围。他还记录整理了授课教师的教育教学、学生上课时的疑惑与课后感想等相关影像资料,为后续开展相关科普教学提供了参考。根据工作站定位和课程主题,郑思航还指导学生开发制作了20余项高质量科普视频作品,进一步扩大了科普范围,提升了科普效果。这些作品在"云说新科技"科普新星秀等国家级科普类赛事中多次取得优异成绩,为科普教育工作起到了积极的示范作用。郑思航鼓励学生永远保持对科学的好奇心和求知欲,并坚信他们将成为未来科技发展的参与者。

（三）中医药学:传统智慧的现代传承

韩涵教授是上海中医药大学博士。自上海中医药大学中医药实践工作站成立以来,韩涵便积极投入其中,将高校课程与青少年实践活动有机结合,连续九届担任实践课程"中药固体制剂的制备及质量评价"的指导教师。

该课程以祛风解表中药葛根所含总黄酮为原料,加以适当的辅料,分别运用湿法和干法制粒,制备"葛根总黄酮泡腾片",并开展相关质量评价研究。经过不断优化,该课程的难易度和趣味性都非常适合高中阶段的学生。通过课程学习,学生们不仅掌握了中药固体制剂制备的基本流程和操作技能,还学会了举一反三、发散思维,能够自主设计中药制剂的拓展性研究,大大激发了对中医药学习的兴趣。

通过课程实践,已有16位学生获得总站优秀学员称号,多位学生凭借中医药科研项目参加各类比赛,并取得了优异的成绩。

每一届的青少年科学创新实践活动中,都有许多优秀学员通过项目的锻炼,进一步拓展思维,探索新的研究设计。

例如,在2020年第五届青少年科学创新实践活动中,来自上海市市西中学的邱沁菁同学结合自身用药经历发现,小儿豉翘清热颗粒是医院中常用于治疗小儿感冒风热夹滞证的药物之一,但其包含部分具有不良气味的中草药,令感官敏感的儿童难以接受,导致依从性极低。此外,目前的包衣技术可能会导致该颗粒剂的稳定性较差。经过与韩涵教授的反复沟通与协作,邱沁菁同学创造性地采用煎煮法提取有效成分,通过干法制粒法使药物成型,并运用薄膜包衣技术,以起到防潮和掩盖不良气味的作用,同时用甘露醇代替原蔗糖作为矫味辅料,为小儿豉翘清热颗粒制备工艺提供了新思路。在师生的共同努力下,该项目获得了第 36 届上海市青少年科技创新大赛二等奖。

同样,来自上海市三林中学的钱赟龙同学与韩涵教授合作完成的"津力达颗粒制备工艺优化及质量评价"项目获得了第 37 届上海市青少年科技创新大赛三等奖。以上成果不仅展示了学生的创新能力,也为中医药文化在青少年中的普及和传播提供了良好的示范。韩涵希望广大青少年能够以梦为马,以行为路,勇攀高峰,探索人类科技的未来之光。

（四）公共卫生:健康研究的现实关怀

刘聪博士是复旦大学公共卫生学院的研究员、博士生导师,主要从事空气污染等环境与健康领域的研究。2024 年,他担任复旦大学环境与健康实践工作站课题 7 的指导教师,课题题目为"利用可穿戴设备开展空气污染与人群心血管健康关联的调查实践",旨在培养学生的科研能力和实践技能。

该课程将理论学习与实际操作相结合,通过文献调研、公共卫生研究方法的介绍,以及数据采集和分析等环节,培养学生的综合素质和科研能力。通过现场调查和实践,学生能够亲自参与到研究过程中,理解科学研究的复杂性与重要性。课程方向聚焦空气污染与心血管健康的关联研究,利用先进的可穿戴设备采集血压、温度、湿度以及多种空气污染物浓度的数据。在对教学数据进行统计分析后,学生还学习了如何使用线性混合效应模型进行数据处理,进一步增强了分析能力和数据解读能力。

在带教过程中,刘聪积极引导学生进行自主学习和团队合作。在招募 12 名志愿者进行预试验时,学生们不仅分组参与了设备的使用示教,还在实际环境中进行了为期 4 周的数据监测。初步研究结果显示,$PM_{2.5}$ 浓度每升高 10 个单位,收缩压平均升高 2.42mmhg。通过这一实践,学生们不仅提高了科研能力,还深刻认识到空气污染对健康的严重影响,这为他们未来的学术生涯奠定了基础。

刘聪还认识到师生互动在助力学生成长中的重要作用。在讲授绪论课程时,他通过案例教学和展示最新研究数据,引导学生关注空气污染与心血管健康的关系。随着课程的深入,学生们进入了开题和中期汇报阶段。正是在这些环节中,刘聪发现了学生们的自主学习潜力。特别是在数据分析和模型构建方面,他开展了一系列示教和代码学习活动。在此过程中,学生们不仅复习了课堂知识,还学会了如何运用代码进行实际数据处理,进一步培养了对科学探索的兴趣。

复旦大学基础医学实践工作站的赵超副教授长期从事微生物与免疫学研究。他坚持将科技创新与全面育人有机结合,启发中学生、大学生和研究生树立敢想、敢为、敢担当的意识,并长期将前沿科学研究引入青少年科技创新教育。他曾多次指导学生获得各类科创奖励,培养的多位优秀学生代表已进入医学院就读或继续深造。

在带教过程中,赵超以生活中的常见问题为切入点,与学生一起构思和设计研究课题。他们既研究日常植物提取物的抗衰老效果,也探讨口腔健康与菌群的关系。赵超在教学中力求做到以下几点:(1)将培养全人的思想贯穿科创全程;(2)以启发和引导代替单纯的知识灌输;(3)注重科创的科学性和严谨性,让学生不仅知其然,更知其所以然。除了课题带教外,他还多次走进松江一中、崇明中学、南模中学等校开展讲座,与高中生分享科研经历和体会,鼓励他们求真逐梦。作为复旦上医病原生物科学馆首届馆长,他每年都会带领学员参观学习,将全国科学家精神教育基地的内涵传递给中学生。

赵超不仅注重课题本身的探索,更重视引导中学生独立思考科学问题以及自己的追求。例如,一位夏同学在参加活动时对抗衰老研究产生了浓厚的兴趣,并提出了一种新的抗衰老物质的筛选方法。在赵超的鼓励下,她走进实验室,从材料粗提到纯化,再到细胞学功能验证,每个周末都泡在实验室里。遇到失败时,师生一起分析原因,尝试改进。最终,她获得了"明日科技之星"和"少年爱迪生"等科创比赛大奖。更令人欣慰的是,当她决定报考医学院却担心成绩不够好时,赵超鼓励她回想自己在工作站的科创经历,特别是遇到困难时的表现,并告诉她只要有追求且愿意付出,就一定会有收获。最终,这位同学成功考取了复旦大学上海医学院临床医学五年制。进入大学后,她又继续加入赵超的课题组,探索医学领域的重要问题。2024 年,她以优异成绩完成本科学业,被免试推荐进入附属医院开始了研究生生涯。从这名学生身上,赵超也更加深刻地理解了师者言传身教、润物无声的力量。

二、跨学科融合:创新思维的全程塑造

(一) 微电子与芯片科学:硬科技的前沿探索

孙璐是上海科技大学智能芯片与信息技术实践工作站副站长、指导教师。自博士时期起,她主要从事新型磁随机存储器的研发工作,近年来聚焦新实验装置的研发以及磁存储器件的精密测量技术研发。孙璐开设的探究性课程"不怕断电的磁存储器芯片",围绕中学生熟悉的存储芯片展开,以生活中常见的磁性为切入点,带领学生探索新型磁存储芯片及存算一体芯片这一前沿领域。

该课程采用理论结合实验的教学方式,以高中物理知识为切入点,带领学生逐步寻找科学问题,设计实验方案,学习基本的实验方法,并对数据进行分析。课程教学历时 4 天,每次的教学内容都包括基础知识、实验设计、实验技能和数据处理。这种环环相扣的设计使学生能够在后续的实验环节中很好地运用所学知识,加深对知识的理解。课程层层递进,逐步深入,有助于学生掌握磁存储芯片的研究方法,在知识积累的基础上提出独到的科学问题。

在课程设置方面,孙璐围绕磁存储芯片这一大课题,精心设计了 8 个不同的小课题,确保每个学生都有一个独立课题,并对学生进行一对一的课程指导。在带教成绩方面,学生们均完成了理论学习和实验环节,并提交了实验报告;其中有两位表现出色的学生进入了最终的站内评优答辩,来自复旦附中浦东分校的董瑞轩同学在磁畴成像和电致磁化反转方面的研究令人眼前一亮。

在课程思政方面,孙璐充分融入我国集成电路芯片"卡脖子"这一时政热点,引导学生了解国家相关产业的发展现状和亟待突破的方向,培养学生的爱国情怀。高一学生对芯片和集成电路领域充满好奇和求知欲,但由于数理知识

基础薄弱,许多复杂的专业知识难以理解,这是芯片科普工作的一大痛点和难点。孙璐以高中原子物理知识为切入点,在课堂上通过视频播放和互动问答的方式,深入浅出地为学生介绍芯片知识。此外,她还采用"翻转课堂"的教学模式,让学生自学一些专有名词并上台讲解,台下的同学则可以提出问题。这种教学方式拉近了同学间和师生间的距离,取得了良好的教学效果。

在带领来自不同背景、不同学校的学生进行课题探究时,孙璐的因材施教发挥了关键作用。在研究过程中,有些学生表现出极大的兴趣。对于这部分学生,孙璐不断地与他们进行研讨,鼓励他们提出开拓性的实验方案,大胆假设、小心求证,充分呵护青少年的求知欲。然而,也有一部分学生因为课业压力等原因,对工作站的探索学习感到力不从心。对于这部分学生,孙璐不断地进行鼓励和心理疏导,告诉他们不需要与别人比较,尽自己最大的努力去完成就好。更多的学生在学习过程中对如何提出探究性问题感到非常迷茫。这时候,孙璐就需要花费大量的时间引导和鼓励他们尝试提出自己感兴趣的问题,并设计相关的实验求证。

李泽宁是中国科学院上海微系统与信息技术研究所芯片科学实践工作站的博士研究生,负责讲授"探索生物检测芯片的世界"。该课程不仅涵盖了微流控技术和生物传感器的基础知识,还深入探讨了这些技术在实际应用中的创新和发展。通过理论与实践相结合的教学方法,李泽宁鼓励学生动手实验,以培养他们的创新思维和问题解决能力。

该课程的特色在于其多样化和前沿性。学生们不仅学习了微流控芯片的设计与制造,还探讨了其在医学诊断、环境监测和食品安全等领域的应用。通过亲自动手制作和测试芯片,学生们深入理解了微流控技术的原理与应用。他们还在学习中提出问题,了解了最新的研究动态与技术趋势。

在带教期间,李泽宁深刻体会到培养学生发散思维和自主探索能力的重要性。

在课堂上,李泽宁鼓励学生大胆提出自己的想法,并通过实验和研究来验证这些想法的可行性。在教学过程中,他注重引导学生从不同角度思考问题,鼓励他们提出独特的见解。通过这种方式,学生不仅掌握了理论知识,还培养了实践能力和创新精神。特别值得一提的是,他的两位学生在实践中探索自己的研究方向,并以此为基础不断完善实验内容,最终在答辩中取得了优异的成绩。这些成绩的取得,既离不开学生自身的努力和坚持,也离不开他们在探索过程中所展现出的创新思维和实践能力。作为指导教师,李泽宁感到无比自豪和欣慰。他相信,通过不断地探索和实践,学生们将在科学的道路上走得更远,取得更大的成就。

（二）环境与健康:科研服务社会的使命担当

蔡婧副教授是复旦大学公共卫生学院的博士生导师,主要从事大气污染与健康研究。她开设的课程围绕个体微环境中的 $PM_{2.5}$ 暴露特征展开,结合实际操作与理论学习,旨在培养学生的综合研究能力和实践技能。该课程设计独具特色,主要体现在以下几方面:

首先,课程采用以实践为导向的教学模式,融合多元化的学习内容。课程内容涉及空气污染与人群健康,包含 $PM_{2.5}$ 现场观测数据收集、问卷调查和数据分析等多个科研任务。通过在多个微环境的现场监测中使用便携式 $PM_{2.5}$ 监测仪,学生了解了 $PM_{2.5}$ 污染对居民生活环境的影响,增强了对大气污染问题的认知。同时,通过对场所特征与人群行为活动模式的研究,学生全面理解了个体 $PM_{2.5}$ 暴露的复杂性。此外,课程中还引入了数据质量控制的知识,确保学生掌握高质量研究的基本要求。

其次,课程着重培养学生的数据分析与决策能力,以启迪科研思维。通过小组讨论、文献调研以及对不同类型的数据进行汇总、整合和分析,学生充分了解了科研设计的严谨性和科学性。这不仅有助于他们理解数据背后的意义,还培养了他们的独立思考与科学决策能力。通过分析数据,学生能识别影响个体 $PM_{2.5}$ 暴露的重要因素,并提出相关的改善建议,为环境治理提供科学依据。

参与该课程的学生在课程内外都取得了较好的成绩。例如,王治林同学在一项课题中探究了空调开关对起居室 $PM_{2.5}$ 浓度的影响。基于室内外环境的差异,蔡婧引导学生思考哪些室内行为会影响 $PM_{2.5}$ 浓度,并告诉他们如何绘制科学规范的室内环境记录表。在课题开展过程中,王治林同学主动提出增加空调不同模式和送风强度对 $PM_{2.5}$ 浓度影响的研究。在数据收集阶段,学生们记录了不同模式下的 $PM_{2.5}$ 浓度,并与室外浓度进行对比。王治林同学负责数据处理与分析,他对统计学方法表现出浓厚的兴趣和强烈的求知欲。尽管已经自学了相关知识,但他仍有许多疑问。为此,蔡婧专门准备了相关教材和操作视频,并对他进行了针对性辅导。最终,王治林同学因在复旦大学环境与健康实践工作站的优异表现,被评为 2023 年度上海市青少年科学创新实践工作站优秀学生。课程结束后,他基于这次活动设计了一项科创课题,并在上海市第 39 届浦东新区青少年科技创新大赛中获得了三等奖。他认为这次经历不仅丰富了他的科学知识,也提升了他分析问题的能力。

（三）数字时尚与智能设计:科技与艺术的跨界碰撞

徐律是上海工程技术大学的讲师,主要从事数字服装、时尚传播、服装智能定制等领域的研究。他引领青少年探索科技与时尚的交会点,了解数字化、智能化技术如何重塑纺织服装行业。他的研究涵盖了三维建模、人工智能图案生成、可穿戴技术、3D 打印等技术,以及可持续材料选择等前沿领域,展现了如何利用 AR 试衣、大数据分析消费者偏好来定制个性化服装。

徐律的课程以跨学科整合、实践导向和个性化指导为核心特色。在课程中,学生通过学习数字化技术,探索更多可持续发展的时尚解决方案,理解数智化在提高设计效率、实现环境友好以及推动时尚创新中的作用。他还向青少年普及服装设计中数字智能化技术的基本原理与应用现状,激发他们对科学技术与艺术设计融合的兴趣,鼓励学生运用所学知识,探索服装设计的新思路和解决方案。例如,通过数智化手段提升服装的可持续性、功能性及个性化程度,进而提升他们对科技融合时尚的兴趣,启发对未来职业生涯的想象。

徐律的研究课题聚焦计算机辅助设计、3D 打印、人工智能等多个领域。这些技术已日益成熟且被广泛应用,为服装数智化设计提供了坚实的技术基础。

　　此外,他注重根据学生的兴趣和特长进行个性化指导,帮助他们充分发挥潜力。在他的指导下,学生们多次在全国乃至国际级青少年科技创新大赛中获奖。例如,上海市洋泾中学的杨濮瑜同学在《时尚设计与工程》期刊上发表了一篇高水平论文《面向需护理人群的服装智能定制》,华东师范大学第二附属中学的徐欣阳同学获得了"一种智能测体装置"实用新型专利授权,并在各类专业赛事中屡获殊荣。

　　这些成果不仅展现了学生的创新能力和团队协作精神,更验证了徐律的教学理念和方法的有效性。学生们能够将所学知识应用于实践中,提高解决问题的能力。课堂上的经历既丰富了学生的学习体验,也为他们提供了展示才华的平台,增强了他们的自信心和社会责任感。此外,上海工程技术大学纺织科学与工程实践工作站还提供了一系列与高校合作的科研机会,帮助学生提前接触大学的研究环境,为未来专业选择提供参考。

　　(四)仿生工程:自然启发的技术突破

　　初文华副教授是上海海洋大学海洋生物资源与管理学院海洋渔业科学与技术系副主任、专业负责人。她开设的"仿生机器鱼设计与制作"课程从交叉学科的视角出发,结合仿生学、流体力学、材料科学及机器人设计等多领域的知识,旨在培养学生的综合素养和创新能力。通过实际操作,学生能够了解仿生水下航行器的设计理念与制作过程,强化动手能力与团队合作精神。在研究鱼类游动机理的过程中,学生不仅掌握了科学原理,还体验了设计与制作的乐趣,进而激发对科学探索的热情。

　　该课程分为理论学习与实践操作两部分。在理论学习中,学生将接触到海洋生物的运动机制,了解仿生机器鱼的工作原理及其应用。在实践操作中,学生将使用 ARDUINO NANO 开发板、传感器及其他相关材料,设计并制作具有基本运动功能的仿生机器鱼。课程的核心在于让学生通过实际操作,理解科学知识在现实中的应用,从而提高独立研究的能力。

　　在课程实施过程中,学生们在老师和研究生的指导与帮助下,积极参与到仿生机器鱼的设计与制作中。短短几天内,他们不仅掌握了基本的鱼及其推进结构设计、编程及材料选择,还培养了良好的团队合作意识与问题解决能力。课程结束时,学生们展示了各自制作的仿生机器鱼,形成了一次有意义的成果交流。学生们还在实验报告中总结了自己的研究过程、所遇到的挑战及解决方案,进一步提升了科学写作能力。

通过这一系列教学活动,学生在综合应用能力方面取得了显著进步,对仿生学及相关学科的兴趣也明显增长,教育在激发学生创新意识和实践能力方面的重要作用可见一斑。在担任上海海洋大学海洋科学实践工作站指导教师的几年里,初文华接触了许多充满激情与活力的高中生。他们对科研与创新的渴望与热情给她留下了深刻的印象。

其中,有一个很特别的学生——上海海洋大学附属大团中学的宋亚泽。高中时期,对科学创新充满热情的宋亚泽加入了学校的"蛟龙"水下机器人社团,并来到上海海洋大学海洋科学实践工作站学习。出于对水下航行器的兴趣,她选择了初文华指导的"仿生机器鱼设计与制作"课程。这次课程上的交流,不仅对她的个人成长道路选择产生了重要影响,也让初文华深深感受到科创教育的力量。

两年后的一天,宋亚泽来到初文华的办公室,告诉她自己已被上海海洋大学录取,成为海洋生物资源与管理学院的一名本科生。而初文华也终于有机会兑现自己在工作站时的承诺,指导她在仿生机器鱼设计与制作方面继续探索。从那一刻起,她便以本科生身份加入初文华的课题组,开始了她在鱼类游泳行为模拟与仿生领域的学习。她的到来不仅为课题组带来了新的活力,也让初文华感受到作为教师的成就感。在课题开展过程中,宋亚泽与其他同学紧密合作,潜心科研。在完成大一课程的同时,她还积极开展仿生鱼设计作品研究,并作为项目负责人参加了第十三届全国海洋航行器比赛。在这场激烈的比赛中,她和队友凭借出色的表现获得了长三角赛区二等奖的佳绩。

作为一名指导教师,初文华见证了宋亚泽从一个对水下航行器充满好奇的高中生成长为一名能够参与高水平科研活动的大学生,这让她感到无比欣慰。

她深知,教育的力量在于启发和引导。她希望通过这样的故事激励更多学生勇敢追求自己的梦想,探索未知的科学领域。初文华表示,未来将继续关注每一位学生的成长,努力为他们提供更多的机会和平台,让他们在科学探索的道路上走得更远。

上海市青少年科学创新实践工作站以"全程追溯"为纽带,记录每一颗"白玉兰种子"的破土与绽放。这些轨迹中蕴含的白玉兰精神——坚韧、包容、创新,正被一代代学员传承。从兴趣启蒙到科研突破,从实验室到社会服务,这些轨迹不仅是个人能力的积累过程,更是国家科技创新后备力量的孕育过程。未来,工作站将进一步完善全程追溯体系。例如,引入"科创成长档案"数字化平台,通过人工智能分析学生的学习轨迹、项目参与度与创新能力变化,为导师提供动态调整建议。此外,工作站还将建立长效跟踪机制,确保更多青少年在科学探索的道路上留下闪耀的足迹。通过这些措施,我们希望能够更有效地支持学生的个性化成长,同时为导师提供更精准的教学支持。

成长导向，确定评价方式

在工作站的持续探索进程中，育人成效的精准衡量与持续提升至关重要。

2023 年 2 月，习近平总书记在中共中央政治局第三次集体学习时指出，要在教育"双减"中做好科学教育加法，激发青少年好奇心、想象力、探求欲，培育具备科学家潜质、愿意献身科学研究事业的青少年群体。工作站项目力求创建一个让具有科学兴趣和创新潜质的高中生"在科学家身边成长"的新平台，促进学生将学科知识应用于真实情境中的问题解决，深度推动高中育人方式变革。工作站的培养经历已直接纳入高中生综合素质评价体系，并进一步纳入高水平大学高考招生的"两依据、一参考"序列，即依据统一高考成绩、高中学业水平考试成绩，参考学生综合素质评价，进行择优录取。这为高水平大学招收全面发展、个性鲜明的科技类优秀学生提供了客观依据。

基于此，一套科学且完善的评价体系正逐步构建。该体系涵盖多个关键维度，层层递进，全方位为学生的成长与发展保驾护航。

一、协同育人，指导发展，全方位、多角度考评学生综合素质

教育评价改革是推动教育发展的关键动力，上海市教育委员会始终努力探索改革高中教育评价的方式和方法。2015 年 4 月，为了更好地全面评价学生的素质，《上海市普通高中学生综合素质评价实施办法（试行）》（以下简称《办法》）应运而生。《办法》坚持立德树人，践行社会主义核心价值观，传承和弘扬中华优秀传统文化，反映学生全面发展情况和个性特长，着力促进每一个学生的终身发展，促进高中人才培养模式转变，为高校科学选拔人才提供参考。

《办法》要求对学生品德发展与公民素养、修习课程与学业成绩、身心健康与艺术素养以及创新精神与实践能力进行全面、客观的记录与评价。其中，创

新精神与实践能力主要反映学生的创新思维、调查研究能力、动手操作能力和实践体验经历等。重点记录学生参加研究性学习、社会调查、科技活动、创造发明等情况。

为此,上海市教育委员会建立了上海市普通高中学生综合素质评价信息管理系统,以高中学校为记录主体,采用客观数据导入、高中学校和社会机构统一录入与学生提交实证材料相结合的方式,客观记录学生的学习成长经历。

学生综合素质评价具有三方面重要作用。一是引导学生积极主动发展。通过引导学生开展自我评价并进行自我调整和自我管理,促进教师开展学生成长过程指导和生涯辅导,帮助学生确定个人发展目标,实现全面而有个性的发展。二是促进普通高中学校积极开展素质教育。通过综合素质评价改革,引导高中学校开展各种素质教育活动,推动学校多样化、特色化发展。三是作为高校人才选拔的参考。循序渐进、积极稳妥地推进综合素质评价信息在高校招生中的使用。

2016年工作站项目启动之初,拥有与学生综合素质评价信息管理系统对应接口的工作站学员数字化信息平台也设计完成。学员在工作站的培养记录将直接导入综评系统。2017年起,推动高等学校在自主招生过程中试行将综合素质评价信息作为参考依据。相关高等学校应在招生章程中明确综合素质评价的具体使用办法,并提前公布,规范、公开使用情况,由此打通从工作站培养到服务高校人才选拔的链路。

当评价链路打通后,如何更细致地记录学生在工作站的成长历程,成为下一个重要课题,这便引出了工作站数字化信息平台的相关建设。

二、全程记录,持续跟踪,提供学生探究经历数字档案袋

为了精准记录学生在工作站的成长轨迹,工作站的数字化信息平台发挥了关键作用。该平台支持对学员的全流程管理,包括报名录取、选题分配、培养记录、教学评价以及结题推优等环节,形成了完整的学员在站成长轨迹,并通过动态跟踪,以数字档案袋的形式为学生描摹立体的科创素养数字画像。目前,上

海市青少年科学创新实践工作站数字交互学习管理平台已成功建立并运行,线上课程及学习资源超 8000 课时,平台浏览量超 1700 万人次。同时,工作站建立了课程教学、课题研究和人才培养现状的分析报告制度,形成了工作站实践、反思和改进的可持续发展机制,引领上海市青少年科技创新教育"五位一体"的完整教育链。

此外,工作站已初步实现了对学生在站科学探究过程、高校录取情况及专业方向、科创活动成绩的跟踪。通过这些多模态数据,可以从不同维度和不同层次对学生进行全面的评价。除了完成为期 1 年、40 个学时的阶段性课程学习和课题研究外,工作站还将对学生进行持续跟踪,并开展学生进入高校后专业学习成就的相关性研究,从而为优化拔尖人才早期培养提供前瞻性支持。同时,建立数据库分析报告制度,强调数据库分析结果的改进功能,总结成功经验,分析不足和原因,为持续促进各项育人工作提供依据。

工作站项目不仅为高中生规划生涯发展、设定专业学科方向提供了原动力,为大学招生录取选拔提供了依据,还为人才培养规律研究提供了实例支撑。随着学生成长记录与跟踪体系的逐渐完善,与之匹配的评价方式也需进一步明确,以确保评价的科学性与有效性。

三、目标导向,实践驱动,确立评价方式

在对学生综合素质进行全面记录与跟踪的基础上,工作站项目开发了素养提升导向的"双结合"综合评价体系,实现了促进学生"多维进阶发展"的实践育人新目标、新评价。该体系遵循"科学记录、综合评价"原则,开发了注重过程性评价与增值性评价相结合、合格性指标与发展性指标相结合的"双结合"评价模式,突出价值观引领的创造性人格培养,强化过程评价,探索增值评价,健全综合评价。

"双结合"综合评价体系以"全面科学素养+科创人才品格"为培养方向和目标,基于"志趣导向—实践驱动—素养提升"的育人思路,遵循"分层分类、关注过程、兼顾差异"的原则,关注对学生科学精神、创新思维、关键品格、探究能

力等素养的培育。

随着评价体系整体框架的确立,具体的评价维度与重点也需进一步细化。

四、以动态深度参与为特征,达成学生学习过程的合格性

关注学生的学习过程,评价以过程性为特征。学生在科学家和工程师身边,完成一段探究经历,形成一项科创成果,收获一次飞跃成长。工作站除了关注学生在专业基础课程中的学习表现之外,更关注学生在课题研究全过程的探究表现,包括选题阶段的兴趣和价值思维、课题方案设计能力、解决问题过程中的关键能力以及在课题成果交流分享过程中的协作交往能力等。

除了明确衡量学生学习过程的合格性,从增值成长的角度对学生能力素养的发展性进行评价也至关重要。这将进一步挖掘学生的潜力,助力他们持续进步。

五、以增值成长为导向,展现学生能力素养的发展性

通过对学生科学精神、创新思维、关键品格、探究能力的评测,关注学生在完成课程后达成的正确价值观、必备品格和关键能力的"增量",关注学生创新素养、特长发展和个性成长的"增值",培养学生适应变化并拥抱不确定性的态度,以及积极履行社会公德和义务的责任感。以华东师范大学生物学实践工作站为例,参加工作站项目学生前后测评结果对比显示,学生的科学探究素养和态度表现有显著提升。

以增值成长为导向的评价,不仅为学生的成长提供了精准反馈,也为工作站持续优化育人策略提供了有力依据,推动着工作站在培养科技创新人才的道路上不断前行。

致力发展，延展"五位一体"

青少年科创"五位一体"通常是指在青少年科技创新教育领域，集成科普知识普及、科技实践、创新能力培养、科技竞赛和科技师资培训五个方面的一体化教育模式。为了全面提升青少年的科学素养和创新能力，需要通过多种途径和活动，激发青少年对科学的兴趣，培养他们的科学精神和实践能力。

在知识普及层面，通过科普讲座、科普展览、科普书籍等多种形式，向青少年传播科学知识，提高他们的科学素养。在科技实践层面，鼓励青少年参与科学实验、技术制作、社会实践等活动，通过动手实践加深对科学知识的理解和应用。在创新能力培养层面，通过创新思维训练、创意工作坊、创新项目等活动，培养青少年的创新意识和创新能力。在科技竞赛层面，组织青少年参加各种级别的科技竞赛，为他们提供展示科技创新成果的平台，这同时也是选拔和培养科创后备人才的重要途径。在科技师资培训层面，加强对科学教师和科技辅导员的培训，提高他们的专业能力和指导水平，以便更好地指导青少年开展科技创新活动。这种"五位一体"的教育模式有助于构建一个多元化、立体化的青少年科技创新教育体系，从而促进青少年科技创新人才的培养和发展。

随着时代的发展、科技的进步以及教育理念的更新，我们也需要对"五位一体"进行深化与优化。

首先，创新精神和实践能力的培养需要具备国际视野。当代青少年科创教育强调创新性学习和实践，鼓励学生在真实生活场景中以问题为导向，运用新知识、新方法解决问题，从而加深对科学原理和研究方法的理解，培养青少年的创新精神、创新思维和综合实践能力。同时，应鼓励青年科技人才观摩或参与国际学术交流，提升国际活跃度和影响力，为未来培养具有国际视野的科技创新人才。其次，跨学科融合已成为趋势。因此，STEM 教育模式（即科学、技术、工程、数学的融合)将日益受到关注。应鼓励学生通过跨学科学习,培养创新能力和综合素质。最后,数字化和智能化必将成为时代主流。随着人工智能和数字技术的发展,青少年科创教育应更多地融入编程、机器人、大数据分析等内容,培养学生的数字素养和智能技术应用能力。

此外,现代科技的发展还关注社会责任和伦理。在科创教育中加入社会责任和科技伦理的内容,可以引导青少年思考科技创新对社会的影响,培养一批负责任的科技创新者。尤其是在早期培养阶段,更要重视儿童和青少年时期的科技创新教育,提供从早期探索到专业创新的连续支持和培养路径,包括早期的科学兴趣培养、中学阶段的科研实践机会以及高等教育阶段的研究项目参与等。

在国家层面,需要有政策和资源的配套与支撑。政府和社会应提供政策支持和资源投入,包括建设科创教育基地、提供优质课程资源、探索创新人才评价体系等,为青少年科创教育提供良好的生态环境。同时,应鼓励社会参与和合作,包括企业、非营利组织、社区、家庭等社会力量参与青少年科创教育,形成全社会共同支持的培养网络。这些特征反映了当前青少年科创教育的发展趋势和时代要求,为培养能够满足未来社会发展需求的创新人才提供了方向。

第七章
落英缤纷孕未来

　　创新是一个民族生生不息的灵魂,是一个国家蓬勃向前的不竭动力。回顾这些年来的科创教育历程,那些为学生点燃科学热情的瞬间,那些带学生攻克教学难题的日日夜夜,都化作了心中的感慨与思索。我们深知前路漫漫,却依旧满怀热忱,对未来充满无限期待。

白玉兰的种子
——上海市青少年科技创新人才培养

理学、工学、医学、农学、艺术齐发展

一、探索未知的科学殿堂

在 21 世纪的科技浪潮中，青少年作为国家的未来与希望，其科学素养与创新能力的培养显得尤为重要。自 2016 年起，上海市教育委员会与上海市科学技术委员会携手开展了上海市青少年科学创新实践工作站项目。这一举措旨在通过整合高校与科研院所的优质资源，为上海市的高中生搭建一个集理学、工学、医学、农学、艺术于一体的综合性科学创新实践平台，全方位、多层次地培养学生的创新精神与实践能力。

该项目以"理学、工学、医学、农学、艺术齐发展"为主题，致力于构建一个跨学科、跨领域的科学教育体系。目前，项目已涵盖复旦大学计算机、上海交通大学网络空间安全、同济大学物理、华东师范大学地理、上海天文台天文学等 37 个实践工作站。这些工作站不仅代表了各自领域的顶尖水平，更成为青少年探索科学奥秘、激发创新潜能的摇篮。

在课程设置方面，项目精心设计了生物学、医学、化学、计算机、环境科学、数学、工程光学、工程机械、天文学、园艺学、物理学、地理学、设计艺术以及电子科学与技术 14 类科创课程。这些课程不仅涵盖了自然科学与工程技术的各个领域，还融入了艺术设计的元素，旨在培养学生的综合素质与创新能力。每个工作站下设 4 个实践点，这些实践点由市、区级实验性示范高中，以及青少年活动中心（少科站）、科普场馆、科研院所等单位组成，共同构成了一个庞大的科学教育网络，为青少年提供了丰富多样的实践机会与学习资源。

每年，工作站都会面向全市招收约 4440 名高中生，通过一系列精心设计的课程活动，如专业课程学习、权威专家对话、动手实验探究、实地走访调研、课题论文撰写以及现场汇报答辩等,让学生在实践中学习,在探索中成长。这些活动不仅拓宽了学生的科学视野,训练了他们的思维方式,还丰富了他们的学习经历,培养了他们的创新精神与实践能力。

值得一提的是,工作站还特别注重对学生科学素养与人文情怀的双重培养。在强调科学知识与技能传授的同时,注重引导学生关注社会、关注人类命运,培养他们的社会责任感与人文关怀。通过参与科研项目、解决实际问题,学生们不仅学会了如何运用科学知识服务社会,更从中体会到科学的魅力与价值,从而更加坚定了投身于科学事业的决心与信念。

总之,上海市青少年科学创新实践工作站项目以其独特的教育理念与丰富的教育资源,为上海市乃至全国的青少年提供了一个展示自我、挑战自我、超越自我的舞台。在这里,学生们不仅能获得知识与技能的提升,更能在实践中锤炼意志、激发潜能、成就梦想。未来,随着项目的不断发展与完善,相信会有更多的青少年在这里放飞科学梦想,书写属于自己的辉煌篇章。

二、多学科融合:理学、工学、医学、农学、艺术的创新引领

(一) 为什么要发展多学科

在日新月异的 21 世纪,我们正置身于一个知识爆炸、技术迭代的全新时代。单一学科的知识体系已难以应对日益严峻的挑战。正如习近平总书记所强调的:"科技自立自强是国家强盛之基、安全之要。"在这样的背景下,多学科融合成为推动科技创新、解决复杂问题的关键路径。

艺术赋予创新以美感与灵魂,医学关注人类健康与生命质量,工学则推动技术进步与产业升级。多学科融合能激发学生的跨界思考,培养他们的综合创新能力。它打破了传统学科之间的壁垒,促进了不同领域之间的知识共享和资源整合。这种融合不仅拓宽了学生的知识视野和思维方式,还激发了他们的创新潜能和创业热情。在解决全球性挑战的过程中,多学科融合为我们提供了新的视角和方法,让我们能够更加全面、深入地认识问题、分析问题、解决问题。

（二）理学：理论的飞越

在工作站这片沃土上，理科工作站如繁星点点，照亮了青少年探索科学的道路。复旦大学计算机科学与技术实践工作站、上海交通大学网络空间安全实践工作站、同济大学物理科学与工程实践工作站、华东师范大学地理科学实践工作站……这些名字背后是顶尖高校与科研院所的强强联合，为高中生打开了通往计算机科学、物理学、地理学等理科领域的大门。学生们不仅在这里学习专业知识，更在实践中体验科学的魅力，激发创新潜能。

以上海交通大学网络空间安全实践工作站为例，学生们不仅学习了网络安全的基础理论，还参与了真实的网络安全攻防演练。在一次模拟黑客入侵的活动中，学生们通过团队协作，成功防御了一次次虚拟攻击，不仅加深了对网络安全重要性的认识，更锻炼了解决问题的能力。这样的经历让学生们的创新思维得以升华，也为他们未来的科研之路奠定了坚实的基础。

（三）工学：技术的力量

工学作为推动技术进步与产业升级的力量，其重要性同样不容忽视。在工学领域，多学科融合促进了不同学科之间的交叉渗透和协同创新，推动了新技术的不断涌现和产业结构的优化升级。这种融合不仅提高了生产效率和质量，还促进了经济社会的可持续发展。

例如，工程机械、工程光学等工学工作站让学生们亲手操作先进设备，体验技术创新的魅力。在解决实际问题的过程中，学生们学会了运用工程思维，将理论知识转化为实际生产力。

（四）医学：生命的奥秘

医学作为关乎人类健康与生命质量的科学，其重要性不言而喻。随着医疗技术的不断进步，医学领域正面临着前所未有的发展机遇。然而，疾病的复杂性和多样性也对医学提出了更高的要求。多学科融合为医学的发展提供了新的思路和方法，推动了医疗技术的创新和升级，为人类健康事业作出了重要贡献。

医学工作站让学生们近距离接触医学前沿,了解人体奥秘与疾病防治。在生物医学工程领域,学生们通过实验室研究,探索新型医疗设备的研发与应用,为改善人类健康状况贡献力量。

(五)农学:自然与科学的交响

农学是一门融合自然智慧与科学探索的学科,旨在通过理学的严谨与农学的实践,共同培养学生的科学精神和实践能力。农学工作站是科学与自然融合的典范。在这里,学生们不仅学习作物生长规律、土壤管理、病虫害防治等农学基础知识,还通过实验室研究、田间试验等方式,亲身体验农业生产的各个环节。他们运用理科知识,如生物学原理、化学分析等,解决农学中的实际问题,如提高作物产量、改善农产品品质等。这种跨学科的学习模式,不仅加深了学生对自然规律的理解,也培养了他们解决实际问题的能力。

以理学与农学融合的创新实践为例,工作站曾组织过一次关于智能农业的科研实践项目。该项目旨在利用现代信息技术,如物联网、大数据等,提高农业生产效率和农产品质量。学生们先在理学工作站学习相关理论知识,如传感器原理、数据分析方法等,然后在农学工作站进行田间试验,将理论知识应用于农业生产实践中。通过这一项目,学生们不仅掌握了智能农业的基本知识和技能,还学会了如何运用理学知识解决农学中的实际问题。这一创新实践既提高了学生的综合素质和创新能力,也为农业生产提供了新的思路和方法。

(六)艺术:创意的源泉

艺术作为人类文明的瑰宝,以其独特的魅力赋予创新美感与灵魂。它不仅能激发人们的想象力和创造力,还能引领社会潮流,推动文化繁荣。在多学科融合的过程中,艺术如同一股清泉,为科技创新注入源源不断的灵感和活力。

在上海交通大学创新设计实践工作站,学生们将艺术与科技结合,创造出既美观又实用的作品。通过设计思维训练,学生们学会了如何将抽象概念转化为具体产品。这一过程不仅锻炼了他们的审美能力和动手能力,更激发了无限创意。

三、创新教育的璀璨实践之路

在浩瀚的知识海洋中,创新如同璀璨星辰,引领着人类不断前行。上海市青少年科学创新实践工作站,正是这样一片孕育创新梦想、培养未来之星的沃土。在这里,每一个青少年都被赋予了探索未知、挑战自我的勇气与力量,共同书写着创新教育的辉煌篇章。

(一)目标:点亮未来,塑造创新人才新风貌

工作站自诞生之日起,便肩负着培养具有创新精神和实践能力的未来创新人才的神圣使命。这不仅仅是一个简单的目标,更是一份沉甸甸的责任、一份对未来的期许。

在这个快速变化的时代,科技创新已成为推动社会进步的重要力量。上海作为中国乃至全球的经济、科技中心之一,正以前所未有的速度向科技创新中心迈进,而这一切离不开创新人才的支撑。因此,工作站将培养未来创新人才作为核心目标,旨在通过一系列精心设计的跨学科课程与实践项目,为上海乃至全国的科技创新中心建设储备一支高素质、有活力的创新人才队伍。

在这里,学生们不再局限于书本知识的灌输,而是被引导着去探索未知的科学领域,去挑战自我、超越极限。他们将在实践中学习,在创新中成长,逐渐成长为具有独立思考能力、创新精神和实践能力的未来之星。

(二)理念:创新驱动,全面发展,点亮智慧之光

工作站的教育理念是"创新驱动,全面发展"。这八个字不仅是对创新教育本质的深刻洞察,更是对青少年成长规律的精准把握。

创新驱动,意味着工作站将创新作为推动教育发展的核心动力。在这里,创新不仅仅是一种思维方式,更是一种生活方式。学生们被鼓励去质疑、去挑战、去创造,通过不断尝试和实践,培养敏锐的创新意识和强大的创新能力。同时,工作站还注重培养学生的批判性思维,让他们学会独立思考、理性判断,不盲目跟从、不轻易妥协。

全面发展，则体现了工作站对青少年成长的全面关注。在这里，学生们不仅要在科学领域有所建树，还要在人文素养、艺术修养、身心健康等方面得到均衡发展。工作站通过多样化的学习方式和评价体系，为学生们提供了广阔的学习空间和丰富的成长机会。这样的教育模式，不仅激发了学生们内在的潜能，更促进了他们的全面发展。

"创新驱动，全面发展"的教育理念，如同一盏明灯，照亮了工作站创新教育的道路。它引领着学生们在知识的海洋中遨游，在创新的道路上前行，不断点亮智慧之光，照亮未来之路。

（三）案例：创新之花遍地开，成果斐然映辉煌

近年来，工作站的学生在国内外各类科技竞赛中屡获佳绩，多项创新成果获得专利授权。这些创新成果和成功案例如同璀璨的星辰，点缀在工作站创新教育的天空中。它们不仅展示了学生们的创新实力和工作站创新教育的成效，还为广大青少年树立了榜样和标杆，激励更多人投身科技创新事业，为实现中华民族伟大复兴的中国梦贡献自己的力量。

工作站作为培养未来创新人才的摇篮和阵地，在创新教育的道路上不断探索、不断前行。通过明确的目标、先进的理念和丰富的案例实践，工作站取得了显著的成绩和丰硕的成果。然而，这只是一个开始，未来的路还很长。我们相信，在创新教育的引领下，工作站将培养出更多具有创新精神和实践能力的未来创新人才。他们将在各个领域发挥重要作用，为推动科技进步和社会发展作出积极贡献。同时，我们也期待更多的青少年能够加入创新教育的行列，共同书写属于他们的创新篇章。

四、工作站对学生创新的深远影响

工作站不仅是知识的殿堂，更是创新的摇篮。它以理学为核心，多学科并进，如同一座灯塔，引领着学生们在创新的海洋中破浪前行。

（一）激发创新潜能：从尝试到突破，点亮创意之光

我们深知，创新并非一蹴而就，它需要肥沃的土壤、充足的阳光以及不懈的

努力。因此,工作站为学生们提供了丰富的实践机会和优质的教育资源,为他们插上了探索未知的翅膀。

在这里,学生们不再是被动接受知识的容器,而是成为主动探索、勇于创新的实践者。他们敢于尝试,不畏失败,每一次实验都是对自我潜能的一次深度挖掘。在这里,每一个学生都有机会成为下一个科创达人,他们的创新潜能被充分激发,如同沉睡的火山喷薄而出,照亮了前行的道路。

(二) 塑造未来领袖:从实践到领导,铸就时代栋梁

创新不仅是对知识的探索,更是对综合素质的考验。未来的领袖不仅需要扎实的专业知识,更需要具备团队合作、沟通表达、领导力等综合素质。因此,工作站不仅注重知识的传授,更注重学生综合素质的培养。

通过跨学科的学习与实践,学生们在掌握专业知识的同时,也学会了如何与他人合作、如何有效沟通、如何带领团队。这些能力将奠定他们未来担当行业领袖和社会栋梁的重要基石。

工作站如同一个孕育梦想的摇篮,不仅为学生提供了展现自我、实现梦想的舞台,更在潜移默化中塑造着他们的未来。在这里,每一个梦想都有机会照进现实,每一份创新都闪耀着无与伦比的光芒。工作站以创新教育为笔,以学生为墨,共同绘就了一幅幅充满希望与活力的未来画卷。

展望未来,工作站将继续秉承"激发潜能,塑造未来"的教育理念,不断创新教育模式、丰富教育资源,为培养更多具有创新精神和实践能力的未来创新人才贡献力量。让我们共同期待,在这片创新的沃土上,将会涌现出更多的科创达人和未来之星,为中华民族的伟大复兴贡献自己的智慧和力量!

体制、机制、平台、课程、人才呈一体

上海市青少年科学创新实践工作站的未来发展，将是一个涉及体制、机制、平台、课程、人才等多方面深度融合与一体化发展的过程。以下是对其未来发展方向的一些展望。

一、体制与机制

体制创新：工作站将进一步探索跨体制、跨领域、跨学段的合作模式，形成多主体协同的青少年科创拔尖人才培养机制。通过整合学校、科研院所、企业等多方资源，打破体制壁垒，跨界合作，促进学科交叉融合，实现资源共享和优势互补，助力培养具有跨学科视野和综合素养的拔尖创新人才。

机制完善：建立健全工作站的管理制度和运行机制，包括学生选拔机制、导师指导机制、课程评价机制、质量评价机制等。确保工作站的各项活动有章可循、有据可依，提高管理的规范性和科学性。

二、平台建设

数字化平台：依托数字化技术，构建线上线下融合的学习平台。开发学习资源库、探究实操慕课、虚拟仿真实验等多种平台，支持学生与导师即时交流、多样化课程资源随时获取、探究成果动态展示，为工作站运行提供便利，满足学生的个性化发展需求。

合作平台：加强与国内外高校、科研院所、企业的合作，建立稳定的合作关系和交流平台。通过共同举办科创活动、开展联合培养等方式，拓宽学生的国际视野，丰富学生的实践经验。

三、课程建设

课程创新：根据青少年的认知特点和兴趣需求，开发具有时代性、创新性和实践性的科创课程。注重课程内容在真实情境下的跨学科整合和实践应用，培养学生的创新思维和实践能力。

课程评价体系：建立科学合理的课程评价体系，采用过程性评价与结果性评价相结合的方式，依托数字化技术全面评估学生的学习成果和综合素质。通过定期考核、课题答辩等方式，检验学生的学习效果和教师的教学质量。

四、人才培养

个性化培养：针对不同学生的特点和需求，实施个性化培养方案。通过导师制、项目化教学等方式，为学生提供"一人一策"的指导和帮助，引导学生自主学习，激发创新意识，促进学生的全面发展和个性成长。

拔尖人才培养：重点培养具有科学兴趣和创新潜质的青少年成为拔尖创新人才。通过设立专项课题研究科创拔尖人才培养的机制与模式、组织策划科技竞赛等方式，激发学生的创新热情和探索精神，持续为拔尖创新人才成长提供肥沃的"土壤"，滋养孕育具有创新精神和实践能力的未来人才，为国家的科技创新事业输送优秀人才。

五、展望与建议

未来，工作站将继续秉承"科教融合，协同创新"的理念，不断探索和实践青少年科创拔尖人才培养的有效路径。同时，注重加强与国际先进教育理念和模式的交流与合作，借鉴成功经验，推动工作站的持续发展和创新。此外，还将注重培养学生的社会责任感和国际视野，提升学生的身份认同感，引导他们关注社会热点问题和人类共同命运，为构建人类命运共同体贡献青春力量。

高质量科创教育体系新蓝图即将展开

与所有事物的发展规律一样,青少年科创教育体系始终紧跟时代步伐,在变迁中不断完善、迭代与升级。未来的高质量科创教育体系会是什么模样,谁也难以预测。但从世界各国的实践探索来看,几个明显趋势已清晰地呈现在我们眼前。

一、在顶层设计上推动科创教育实践

世界各国都提出要从基础教育开始培育科技创新必备素养。

2023 年 12 月 27 日,国际教育成就评价协会(IEA)发布《国际计算机与信息素养研究(ICLIS)2023 评估框架》。评估以全球 35 个国家和地区的八年级学生为对象,评估内容在 2013 年第一轮的计算机与信息素养(CIL)的基础上,增加了计算思维(CT)测评。

美国白宫网站发布《通过 STEM 教育培养计算素养:联邦机构和利益相关者指南》,总结了 STEM 教育中培养计算素养(Computational Literacy)的最佳做法,包括在线学习、多样性、公平、包容和可及性方面的实践例子,将计算素养成功融入 STEM 教育的例子,以及通过新兴技术实现计算素养的例子。同时,该指南还就解决计算素养培养面临的障碍提出了建议。除了开设以 STEM 课程为主的必修课程和 AP 大学先修课程之外,美国的科技高中还进一步开设了面向前沿领域的研究性专题课程,即"独特课程"(Unique Offerings)。比如,阿肯色州数学、科学和艺术学校所提供的"独特课程"包括机器人、量子力学、人工智能、平面设计等,惠勒高中科学、数学和技术高级研究中心的"独特课程"包括高级 DNA/遗传学、航空航天工程、高级科学实习等。

此外,美国作为科技强国和 STEM 教育的发源地,高度重视科学教育。

2011年,美国国家科学院主导制定了《K-12科学教育框架:实践、跨学科概念和学科核心概念》,后续在此框架基础上制定了《新一代科学教育标准》。《K-12科学教育框架》指出:"面向真实情境问题,可以让学生有机会像科学家和工程师那样展开实践、探索和运用学科核心概念,并通过跨学科共通概念在各个领域的学科内容之间建立联系。"基于真实情境问题的学科核心概念、跨学科概念、科学与工程实践的三维整合架构,便是该理念在美国科创教育实践中的重要体现。它强调学生不仅要掌握科学的核心概念,更要积极参与科学与工程实践,培养解决实际问题的能力。这改变了以往科学学科知识相互独立、科学知识与科学实践互不相干的现象,将三者有机融合,使跨学科概念、科学和工程实践进入课堂,成为科创教育的主体。

STEM教育作为科创教育的一种典型样态,被美国视为培养创新人才的关键。美国国会在2015年颁布的《STEM教育法(2015年)》中指出,目前有很多权威性研究证明,美国学生在STEM教育上的熟练程度有助于提高国家未来的经济竞争力,推动科学探索与技术创新。2018年,美国发布《制定成功路线:美国STEM教育战略》,提出要发展和丰富战略合作伙伴关系,要在教育机构、雇主和社区之间建立新的联系。这意味着,为了实现STEM教育的全面发展,需要建立一个覆盖学校、家庭、学院、大学、图书馆、博物馆以及其他社区资源的完整生态系统(STEM Ecosystem)。2022年12月,美国教育部发布《提高标准:面向所有学生的STEM卓越计划》,强调要进一步实施和扩大公平、优质的STEM教育,涵盖从学前教育到高等教育的所有学生,培养学生的全球竞争力,为未来参与全球竞争做好准备。这一系列政策举措无不体现了美国在顶层设计上支持科学创新教育方法,推动科创教育实践。

我们可借鉴美国的经验,在制定政策时强化跨学科融合的导向,明确将跨学科概念、科学与工程实践融入各阶段科学教育标准,鼓励学校开发基于真实情境问题的课程。同时,应大力推动构建包含学校、家庭、社会各界的科创教育生态系统,整合科技馆、企业研发中心等资源,形成全社会协同育人的局面。在推动科创教育公平性方面,针对不同地区、不同经济状况的学生,制定差异化扶持政策,确保优质科创教育资源能覆盖全体学生。

德国将信息素养、计算思维与创新创业紧密结合。为了推进信息素养、计算思维和创新创业的有机结合,德国实施了一个重要项目——"数字人才加速器"。该项目主要针对德国萨克森-安哈尔特州8—12年级的学生,与学生的学年计划同步进行。项目鼓励学生自主创建IT公司,同时聘请IT行业的资深人士作为教练或导师,支持学生形成自己的创业理念,并指导他们找到合适的商业模式。其目标是培养学生的数字化素养、企业家精神和商业能力。

此外,德国通过制定三维国家科学教育标准,变革科学教育体制,统一各州多样化的课程体系,从传统科学教育关注学生的知识输入向更关注学生自主学习的输出引导转变。德国联邦教育与研究部(BMBF)等在大量研究的基础上,以认知过程、能力方面和复杂性构成的三维能力模型为框架基础,结合科学科目(物理学、化学和生物学)的特点,系统设计了国家科学教育标准框架的三维能力模型(能力方面、学科知识内容和能力等级)。2019年,德国联邦教育与研究部推出了"MINT行动计划——在MINT教育中走向未来"战略框架,该框架汇聚了各种支持和加强MINT(数学、信息技术、自然科学和技术)教育的措施,特别强调了青少年MINT教育、MINT专业人才培养、提高MINT领域的女性参与度以及社会中的MINT教育这四个重要方面。2022年,德国启动了"MINT行动计划2.0",该计划设定了合作、质量、家庭、研究以及早期培养五个新的行动领域。这一更新的计划旨在进一步加强MINT教育,推动更多合作,提高教育质量,建立更强大的网络,加强家庭参与,促进相关研究,并强调对早期MINT教育的关注。近十年来,德国的MINT教育卓有成效,科创教育课程质量、学生数量与就业人数、学历等级等方面均得到提升。

我们可从德国的经验中汲取养分,在全国层面构建统一且科学的科创教育标准体系。在构建过程中,应兼顾不同地区教育发展水平的差异,分层分级推进实施,引导各地教育从单纯的知识传授向注重学生自主学习能力培养转变。在学科设置上,可加大对数学、信息技术等基础学科的教育投入,制订专项行动计划,鼓励更多青少年投身相关领域的学习。针对我国女性在科创领域参与度有待提升的现状,可借鉴德国的经验,出台专门政策,鼓励高校、企业等为女性提供更多科创教育与就业机会,营造性别平等的科创教育与职业发展环境。同时,要注重早期科创教育的启蒙,从幼儿园、小学阶段就开展形式多样的科普活动,激发孩子对科学的兴趣。

与我们同属于亚洲国家的日本在培育科技创新人才方面一直颇有经验,涌现出一批自然科学领域的诺贝尔奖获得者。但近年来,国际论文发表数、被引用数等关键性指标显示,其研究能力呈相对下降趋势。为进一步振兴科技创新事业,日本政府采取了一系列措施。2020 年,日本时隔 25 年大范围修订了《科学技术基本法》,并将该法的名称变更为《科学技术·创新基本法》。适用对象也扩展至人文社会科学领域和各种创新创造活动,并新增了科研机构、大学及各类民营经济主体在人才培育和使用方面应尽的义务。日本文部科学省将教育、科学技术、学术、文化和体育的振兴置于未来先行投资的关键位置,将科学教育领域的重组和改革作为政府改革的核心之一。2003 年,日本全面启动了"喜欢科学技术、理科"计划,旨在加强基础教育阶段的科创教育。此外,日本还实施了建设科学重点高中的计划——"超级科学高中(SSH)"项目。为了加强产学研合作,日本利用大学、研究所等的设施和设备开发科技课程,并邀请研究人员到教育场所开展讲座,促进初中与高中、大学、研究机构和企业之间的交流与合作。推动教育信息化技术的普及和应用也是日本振兴科创事业的措施之一。利用研究所等机构开发的可视化模拟软件和观测数据等研究成果,日本政府开发并推行了科创教育的数字教材,旨在使儿童更容易理解科学现象和科学原理。这一系列措施旨在推动科创教育的发展,培养学生对科学的浓厚兴趣,并加强学校与产业界、研究机构之间的合作,促进科技领域的创新和发展。

诸多发达国家高度重视研究 AI 如何更好地赋能教育、融合教育等问题。例如,新加坡教育技术公司 Inknoe 发布了《教育中的人工智能应用指南》。该指南不仅对人工智能进行了全面介绍,还为教师在教学中的应用场景提供了广泛示例,探讨了人工智能在教育中的好处和潜在缺点,以及解决在课堂上使用人工智能的潜在风险的策略和最佳实践。美国华盛顿州公共教育总监办公室

(OSPI)发布《K‐12公立学校以人为本的人工智能指导》,指出在推进教育数字化转型发展的过程中,"以人为本"的原则越来越受到重视。联合国教科文组织(UNESCO)发布的《全球教育监测报告 2023》以及美国教育部教育技术办公室发布的《人工智能与教学的未来》也都包含类似的观点。

我们可借鉴日本、新加坡等国的经验,完善科技创新相关法律法规,明确高校、科研机构、企业在人才培养中的责任与义务,构建多方协同育人机制。在基础教育阶段,可设立一批科创特色示范学校,集中资源打造优质科创教育环境,培养学生的科学兴趣与基础素养。进一步加强产学研深度融合,鼓励高校、科研机构与企业联合开展面向中小学生的科普讲座、实践课程等活动,将前沿科研成果转化为科普资源。同时,应加速推进教育信息化建设,利用 5G、人工智能等技术,开发更多优质的数字教材与在线课程,打破地域限制,让偏远地区的学生也能享受到高质量的科创教育资源。

我国在顶层设计上已经出台了一系列鼓励科技创新教育的政策,但在跨学科融合、教育生态系统构建、公平性保障以及早期教育等方面仍有提升空间。后续应加强政策的系统性与精准性,充分吸收国际先进经验,为我国青少年科创教育发展提供坚实的政策保障。

二、在课程与教学活动中强调实践导向和项目驱动

发达国家的科创教育注重培养学生的实践能力,强调通过参与实验、项目以及解决实际问题来应用理论知识。这种教育方式旨在培养学生解决真实挑战的能力。学生通常参与基于项目的学习,通过团队协作共同解决真实世界中的问题,这有助于他们发展创新思维和解决问题的实际技能。

国家创新竞争力的根本源泉在于人才。美国一直重视人才培育,建立了覆盖各年龄段、各层次和各领域的教育体系。其特征在于注重培养学生的发散性和批判性思维,提高学生发现问题、解决问题和学以致用的能力,引导学生在大量阅读、资料搜索与思辨中得出结论,在观察、发现、思考和实践中领悟知识并举一反三。美国从基础教育阶段就重视通过实践导向培养学生的创造力与创

新能力,这为其实现高等教育阶段的人才培养目标奠定了基础。此外,美国的校外 STEM 学习大多是免费的。夏令营、放学后项目以及星期六课程等多样化的活动形式为学生提供了参与机会。这种免费的教育模式不仅促使更多学生积极参与,而且为他们提供了在实践中探索科学、技术、工程和数学等领域的机会,培养了他们的创新和解决问题的能力。项目式教学法让学生拥有自主选择权,保留了学生多样的学习风格,同时激发了学生原有的好奇心。这样的开放性学习环境有助于激发学生对 STEM 领域的兴趣,为其未来的职业发展奠定坚实基础。

对我国而言,应进一步强化基础教育阶段的实践导向教学,增加实验课程和实践项目在教学中的比重,鼓励教师设计贴近生活、具有挑战性的项目,引导学生通过团队合作解决问题,培养学生的发散性和批判性思维。在课程设置上,开发跨学科实践课程,打破学科壁垒,让学生在综合实践中提升学以致用的能力。在推动校外科创教育方面,可加大政府投入,与社会力量合作,推出更多公益性的科创活动,如社区科普讲座、科技馆公益课程等,吸引更多学生参与,培养他们对科创领域的兴趣。

日本尊重每个孩子的个性,让儿童通过体验式的实践活动接触科学。文部科学省非常注重学校与社区、政府机构、民间团体等的合作,积极开展特色校外体验活动,探索丰富学生学习和活动的场所与机会。例如:与林野厅合作开展“森林游览”活动,让学生学习森林中的科学知识;与科学技术厅合作开展“触摸自然科学”计划,让中学生在大学等科研机构接触尖端科技成果,并向儿童开放大学公用机构和专门学校等。日本开展的科创教育并非将学生限制于课堂内,而是注重让儿童在实际活动中增加体验。

我国基于已有经验,加强学校与社会各界的合作,挖掘社区和自然环境中的科普资源,开发具有地域特色的校外体验课程。例如,结合本地自然资源开展生态考察活动,让学生在亲近自然的过程中学习科学知识。同时,我国推动高校、科研机构向中小学生开放实验室和科研设施,组织科普参观、实践体验等活动,拓宽学生接触尖端科技的渠道,让他们在真实的科研环境中感受科学的魅力,激发创新灵感。

瑞典的学校系统积极鼓励学生参与科创项目,并强调实践性科学教育的重要性。学生常常参与各类实地考察、实验和科学展示,通过亲身经历深刻领悟科学原理。为推动学生的主动学习,一些学校在教育中采用了探究式学习。该方法鼓励学生通过实际观察、提出问题以及进行实验,激发他们对科学知识的主动探求和深入理解。通过这种互动式的学习过程,学生不仅能在实践中应用理论知识,还能培养批判性思维和解决问题的能力。

我国也积极推进探究式学习,鼓励教师在课堂教学中设置探究性课题,引导学生自主观察、提问、实验和分析,培养学生主动探索科学的习惯。在教学评价方面,建立以探究能力、实践成果为重要指标的评价体系,激励学生积极参与科创项目,提高实践能力与创新思维水平。

我国的课程与教学活动中,实践导向和项目驱动已逐步受到重视,但在实践深度、资源整合以及教学方法创新等方面仍有进步空间。未来应持续深化课程改革,借鉴国际先进经验,打造具有中国特色的实践导向科创教育模式。

三、在师资支持方面强调多元路径以加强科学教师队伍建设

教师是提高科创教育质量的基础与保障。不少发达国家都建立了科学教师专业标准,并通过多元路径加强科学教师队伍建设,以更好地满足当今科技发展的需求,培养更多具有创新精神和实践能力的学生。在这一过程中,不仅要关注培养途径的多样性,还要注重实践经验的积累和教师团队的协同发展,从而推动科创教育事业取得更大的成就。

科学教师的科创教育专业能力是保障青少年科创教育品质与成效的关键。为此,世界各国纷纷制定并发布了科学教师培养标准和方案,强调教师的专业能力发展,重视教师的专业背景,并致力于加强教师队伍建设。

2014年前后,美国通过多项政策与项目强化中小学教师的工程教育专业能力,要求教师熟悉工程职业特性、整合跨学科知识,并精通以解决问题与工程设计为主线的教学实践性知识。总体而言,美国教育体系在提升科学教师的科创

教育综合素养和专业能力方面力求涵盖教师的整个职业生涯。

近年来,我国也高度重视科学教师的培养,制定了符合国情的科学教师专业能力标准,明确了教师在跨学科知识、实践教学能力等方面的要求。同时,建立了教师全生命周期培养体系,从职前培养到在职培训,针对不同阶段教师的需求,设计分层分类的培训课程。例如,为新入职教师提供基础科创教学技能培训,为资深教师开展前沿科技知识与创新教学方法培训,提升教师队伍的整体水平。

英国教育部于 2012 年实施的《教师标准》是全国范围内适用于教师培训的标准。这一标准不仅规定了全体教师的培训要求,还对各大学制定职前科学教师培养方案提出了明确的指导要求。此外,英国教育部还发布了《职前教师培养核心内容框架》,其主干内容与《教师标准》保持一致。该标准强调教师应将学生的教育置于首要任务,并要求教师在工作和行为方面达到最高标准。教师被要求保持诚实正直的态度,具备扎实的学科知识,不断更新自身的知识与技能,并保持自我批评的意识。此外,该标准还要求教师创造积极的职业氛围,与家长建立积极的合作关系,以确保学生的最大利益。

在我国师范院校对未来教师的培养中,也有完善的人才培养标准,强化对职前教师培养的规范指导,确保高校培养出的未来教师具备扎实的科创教育基础。在教师职业发展中,强调教师的职业道德与持续学习能力,鼓励教师自我反思与自我提升。同时,推动教师与家长建立紧密的合作关系,共同关注学生的科创成长,形成家校教育合力。

2002 年,澳大利亚科学教师协会(ASTA)发布了《全国优秀科学教师专业标准》,从专业知识、专业实践和专业属性(特点)三个维度对高水平科学教师标准进行了界定和描述。其中,专业知识是指优秀的科学教师具备广泛的科学本身的知识、科学教育的知识和关于学生的知识;专业实践是指高质量科学教师与学生共同学习,以获得高质量的科学教学结果;专业属性是指优秀的科学教师是反思型的教师,他们能够提升自身的专业素养,是专业团体中的积极分子。

我们可结合澳大利亚的经验,从多维度构建科学教师评价体系。除了专业知识与教学实践外,还应重视教师在学校和社区科创教育推广中的引领作用。例如,鼓励优秀科学教师成立工作室,开展区域内的教师培训、教学研讨等活动,发挥示范引领作用,带动更多教师提升科创教育水平,促进区域科创教育的均衡发展。

我国在科学教师队伍建设方面已经采取了一些措施,但在标准细化、培养体系完善以及教师引领作用发挥等方面仍有较大的提升空间。后续应加强顶层设计,借鉴国际先进经验,打造一支高素质、专业化的科学教师队伍。

四、在生态体系建设方面形成校内校外多元协同发展

科创教育强调校外非正式学习的重要性,校内校外教育相辅相成。在校外非正式学习的组织实施过程中,调动和整合社会力量的深入、长期、高效参与是决定学习实践效果的关键因素。全方位、立体式的社会力量支撑并涵盖场所、设施、人才、资金等多个方面,各自发挥所长,形成协同作用,从而改善学习环境,提高学习效果。

(一) 注重与社会的深度联合

培养学生科技创新素质的关键在于重点培养和强化学生的科技创新能力,而学生所学的全部知识与技能最终都需要转化为内在实践。新加坡、美国、法国等发达国家先后构建了校企深度联合的培养模式,通过集中整合学校的教学资源与企业的科研资源,为学生搭建综合实践平台与基地,尽可能多地提供科技创新的实践机会。在亲自动手进行科技创新实践的过程中,学生能够强化对所学知识与技能的理解和认知。

新加坡积极将校外项目与校内课程融为一体,并与科研机构及行业组织建立有机的合作关系,是学校科创教育发展的有力支持。这些机构和组织为新加坡的校外非正式学习提供了关键支持。以新加坡科学中心为例,该中心设立了专门的 STEM 教育和推广部门,不仅为学校项目提供专业建议,协助学校与行业建立联系,还组织师生参与基础电子学、物联网、激光切割和雕刻、3D 计算机

辅助设计、3D打印和扫描、PCB设计和制造等方面的培训研讨会。这种紧密的校外合作使学生能更好地融合理论知识与实际技能,促使科学教育更加贴近现实需求,推动了整体科学教育的优质发展。

美国在其发布的《STEM2026:STEM教育创新愿景》中提出,致力于整合学校、图书馆、博物馆、基金会、企业、社区组织、专业人才等多方资源,共同建设具有本地特色的STEM实践社区。在美国中小学科创教育改革中,一项非常重要的基础性工作便是设立"项目引路"机构(Project Lead The Way,简称PLTW)。该机构的重要功能是撬动技术、航空、能源、自动化、健康等领域的世界领先企业与之"达成合作关系,形成课程建设的多元协同机制,不断更新与丰富美国中小学工程教育的课程资源","面向3—12年级学生的工程系列课程包括工程设计介绍、工程的原理、航天工程学、民用工程和建筑、整合计算机技术的制造、计算机科学的原理、数字电子、环境的可持续性、工程设计与发展等9个课程单元"。它成为美国最大的中小学STEM课程提供者。

法国通过将研究生培养制度引入青少年教育体系,促进学校和企业之间的沟通与联系。企业结合自身实际,提供相应的科技或产品创新课题以及所需基本资源,教师和企业内部科研人员共同组成培养团队,引导和组织学生参与课题研究和综合实验,使其形成较强的科技创新素质。

德国的科学教育发展同样强调社会力量的支持。约有250家企业和机构成为MINT教育的合作伙伴和赞助商,其中不乏全球性企业和研究机构。德国26个研究机构的科学家与欧洲核子研究中心(CERN)共同组成了"粒子世界网络",以便师生了解最新的天文和粒子物理相关知识。此外,德国巴斯夫公司致力于为幼儿与小学生打造实验室项目,激发孩子们对科学的兴趣,让他们通过亲身实践和创造性思维,培养科学探索精神。

我们从这些国家的经验中获得诸多启示。首先,在整合社会资源方面,应加大力度推动学校与企业、科研机构的深度合作。例如,建立多元协同机制,鼓励企业深度参与学校科创课程的设计与实施,结合企业实际需求和前沿技术,开发出具有实用性和前瞻性的课程内容,特别是在信息技术、新能源等热门领域,要让学生接触到行业最新知识与实践经验。同时,设立专门的协调机构,负责整合科技馆、博物馆等社会科普资源,为学校提供系统的科普服务和实践指导,帮助学校将校外项目与校内课程有机融合,让学生在实践中深化对理论知识的理解。此外,还可以推广企业赞助、科学家参与科普的模式,吸引更多企业和科研人员投身青少年科创教育,拓宽学生的科学视野,激发学生探索科学的热情。

(二) 建立科技竞赛平台

通过科技竞赛发掘和培养科技创新人才是一种有效的做法,需要制定严格规范的赛事规则和流程,以选拔出卓越的人才。此外,科技竞赛还能够培养学生的创新和问题解决能力,从而产生辐射效应。为了鼓励优秀人才投身科学事业,提供顶级的深造机会是必不可少的措施。

在美国,政府为中小学和银行、科技企业等机构"牵线搭桥",定期举办包括机器人大赛在内的各种创新比赛,从中择优选出百件优秀创意产品、计划书等,并为其提供资助基金,使创意产品能够实现商品化和产业化。德国高度重视青少年在国际青少年科学奥林匹克竞赛中的参与,每年积极组织学生参加物理、化学、生物等领域的竞赛,并屡创佳绩。此外,德国还定期举办全国青少年科研竞赛、联邦信息科学竞赛以及投资芯片竞赛等多项赛事,为 10 岁以上的孩子提供了广泛的参与机会。这些竞赛得到了联邦教育科研部以及众多高校和企业的资金支持,为孩子们提供了更丰富的资源和更广阔的舞台。这种全方位的支持不仅鼓励了青少年在科学领域的深入探索,也培养了他们的创新意识和团队协作精神,为国家的科技进步注入了源源不断的活力。日本科学技术振兴机构(JST)也在积极行动。从 2011 年起,该机构联合教育委员会与各地方企业举办科学甲子园全国大会。科学甲子园面向高中生,开展科学、数学、信息等多领域的全国性比赛,为全国各地爱好科学技术的高中生建立一个聚集、交流和竞争的平台,同时促进学生与其他国家的高中生进行交流和互动。通过科学甲子园获胜者推荐、自荐、教育委员会或学校推荐等方式,招募各地区对科学有兴趣且表现突出的中小学生进入"下一代科学家育成计划"项目,进一步发展他们在科学和数学等领域的能力。

上海市科技艺术教育中心在科技竞赛方面也建立了丰富多样的体系。在赛事组织上,坚持公益性,联合金融机构、科技企业等社会力量,共同打造层次丰富、领域多元的科技竞赛,涵盖从基础学科到前沿科技的各个领域,为不同年龄段、不同兴趣方向的学生提供展示平台。在激励机制上,采取为优秀创意提供资金支持并推动其商品化的做法,设立专项奖励基金。该基金不仅用于奖励竞赛中的优秀作品,还可以对具有市场潜力的创意给予孵化支持,从而激发学生的创新积极性和动力。同时,加强对国际科技竞赛的参与和国内赛事的体系化建设,注重竞赛与人才培养的衔接。通过竞赛选拔出优秀学生,并为其提供专门的培养计划和深造机会,如让学生进入高校科研团队参与项目研究等。将科技竞赛作为发掘和培养科技创新人才的重要途径,进一步推动科创教育生态体系的完善和发展。

在科创教育生态体系建设方面,我们已经意识到校内校外协同的重要性,并开展了相关实践。然而,在资源整合的深度和广度、科技竞赛的体系化建设以及对学生的持续培养等方面,我们与发达国家仍存在一定差距。未来,我们需要进一步加强顶层设计,充分借鉴国际经验,从政策引导、资源统筹、平台搭建等多方面入手,构建更完善、更高效的校内校外多元协同发展的科创教育生态体系,为培养具有国际竞争力的科技创新人才提供有力支撑。

五、我国将以怎样的科创教育实现高质量发展

习近平总书记强调:"培养创新型人才是国家、民族长远发展的大计。当今世界的竞争说到底是人才竞争、教育竞争。要更加重视人才自主培养,更加重视科学精神、创新能力、批判性思维的培养培育。"如果拔尖创新人才是硕果,那么在基础教育阶段强化创新人才的早期培养就是播种、浇灌、植根、培土……

随着全球竞争的加剧,拔尖创新人才已成为国家的重要战略资源,拔尖创新人才培养工作也成为教育强国建设的战略支点。学界对拔尖创新人才本身

的重要性已达成共识,人人都有成为拔尖创新人才的可能,强调要优化惠及所有人、促进拔尖创新人才自然涌现的土壤和环境。着力造就拔尖创新人才不能仅仅依靠少数机构或只在某一方面施力,而要进行系统性、战略性布局,从"星星之火"形成"燎原之势"。

面对教育强国建设的新征程和新要求,针对拔尖创新人才培养领域,如何拓展局面、形成合力、达成效果?

答案是一体化贯彻国家科教兴国战略、人才强国战略、创新驱动发展战略。近年来,我国对科创教育的重视程度和投入水平显著提升。党的二十大把教育、科技、人才一体化发展提到国家战略层面,这就要求打破科技与教育之间的政策体制藩篱,以科创教育改革为突破点,带动我国教育科技人才一体改革,从以传授知识为主的科创教育初级阶段向以培养创新能力为主的科创教育新模式转变。

(一) 顶层设计:统筹优化拔尖创新人才培养格局

1. 政策驱动,重塑科创教育认知结构与行为倾向

认知结构与行为倾向对行为实践具有重要影响。如果没有相关主体在顶层设计层面达成理解与认同,就无法实现自上而下的有效的科创教育行动。在构建科创教育路径时,应采取上下协同的策略。在政策法案层面,持续性地强调与描绘达成跨学科深度统整的工程教育愿景蓝图,将科创教育的核心问题聚焦于跨学科深度统整。如果没有自上的政策法案驱动,教育认知结构与行为倾向难以完成自我重塑,跨学科深度统整也难以成为科创教育新的基本理念与实践范式。

经过多年投入,我国科创教育行政单位和相关机构已经积累了一定的科创教育资源和内容。在未来科创教育资源建设中,各行政主体应将统筹、沟通和协调放在重要位置。一方面,加大对科创教育的理论与实证研究的投入;另一方面,无论国家还是地方层面,都应成立针对科创教育发展和改革的整体设计与协调的常设机构,制定科创教育统筹协调机制,协调政府部门之间、政府与社

会之间、教育与科研之间的工作机制。

2. 打破学科界限，构建具有中国特色的科创教育体系

对科创教育认知结构与行为倾向的重塑，首先遇到的便是学科及其界限的问题。科创教育的学科定位需要从传统学科设置的理论和实证中寻求突破。换句话说，在我国各学段的传统学科设置中，缺乏基本的科创教育学科体系，我们在专门设置科创教育学科还是将其融入物理、化学、生物、信息技术等相关学科之间徘徊不定，从而导致科创教育出现碎片化、浅层化与低效化等问题。因此，我们必须打破传统学科设置的成规，突破束缚我国未来科创教育行动的学科界限，构建具有中国特色的科创教育学科体系，注重"破、立、师、评"四个方面。

所谓"破"，是指破除传统学科设置壁垒。从科学发展史的趋势和科学技术发展的时代特征出发，改革传统学科设置中欠科学、不与时俱进的部分。拔尖创新人才培养应面向世界科技前沿的重大问题，紧跟科技发展潮流，把握学科交叉融合趋势，致力于解决"卡脖子"问题，攀登科学高峰。

所谓"立"，是指确立不同学段青少年的科创教育培养目标，并围绕该目标建立科创教育课程、教材、项目与实践内容体系，从空间和时间上建立大中小一体化的科创教育体系。

所谓"师"，是指科学教师的全生命周期培训。通过多元路径加强科学教师和科技辅导员队伍建设，指导和支持师范院校、综合大学、科研院所、科技企业以及社会机构开展科学教师和科技辅导员的综合素质培养与培训。

所谓"评"，是指制定科学素养、意识、精神、能力的多维青少年科创教育评价标准，从传统的、单一的知识考查转向关注学生科学综合素质的过程性考查。

3. 引进优质科创教育资源，推动国际科创教育合作

世界强国无不重视人才，尤其是具备战略眼光的拔尖创新人才。因此，必须加大对外合作和对外开放的范围与深度。教育，尤其是科创教育，作为一项战略性事业，理应在一种开放性的发展思维和理念下进行。科创教育国际合作与交流的意义和价值，不仅在于能够促进中外不同社会文化背景的青少年彼此

加深了解,更重要的是能够推动科学教师、基础教育学校、科创教育研究者、高校及科研院所之间的学习、交流与合作,从而达到促进科创教育借鉴、发展和改革的目的。为此,政府应出台一系列鼓励和支持推动科创教育国际合作的措施,围绕学习和引进优质科创教育资源这一核心命题,积极开展科创教育国际合作。

（二）实践导向和项目驱动:评价、师资与行动式范式转向

1. 建立具有中国特色的科创教育评价框架、命题技术和数据库

青少年科创教育既承担着激发青少年好奇心和探索欲的职责,也肩负着早期识别和培养拔尖创新人才的重任。因此,在科创教育学科体系建设中,研究青少年科创教育评价,尤其是青少年科创素养评价体系,能够有效发挥青少年科创教育对拔尖创新人才的早期识别功能,检验并激发青少年的好奇心与探索欲,整体推动青少年科创教育发展,切实做好拔尖创新人才早期识别和培养工作。面向青少年特定年龄群体的科创素养评价体系,一方面能为拔尖创新人才的早期识别奠定基础,另一方面能为青少年科创学习效果的质量监测提供参考标准,为有效开展青少年科创教育提供指引。

鉴于此,青少年科创教育评价体系应包括评价原则、评价目标、评价内容、评价对象、评价主体、评价方式、评价工具等多个方面。制定面向青少年特定年龄群体的科创素养预测性评价时,需要梳理近年来大型国际测评(如 PISA、TIMSS 等)以及国内测评(如上海"绿色指标"等)的经验,重点关注各类测评的框架和技术,形成具有中国特色的科创教育评价框架和命题技术,并建立拔尖创新人才数据库,为后续青少年拔尖创新人才的早期识别提供依据。

2. 构建科学教师综合科学素养和教学能力培养与职业发展系统

科学教师全生命周期培养体系是建设高素质、专业化、创新型科学教师和科技辅导员队伍的重要支撑。为培养新一代科学教师和科技辅导员,我国教育体系,特别是基础教育学校,应当结合教师认证标准、教学标准等,进行科创教育师资培训与职业发展体制设计,建立以"主体—环境"为架构、以"绩效—标

准"为导向的科学教师综合科学素养和教学能力培养与职业发展系统。这套体系具有以下特点:第一,遵循师资培养目标与职业发展和科创教育教学目标的一致性;第二,注重科创教育教学理念与实践的科学性和可操作性,重视职前师范培养与职后能力提升的延续性;第三,强化教师科学素养和能力培养评价的精准性。

3. 推动以项目制、任务制为核心的行动式科创教育模式转向

通过对发达国家科创教育的分析,不难发现全球科创教育正在从近 200 年来以知识传授为核心的教育模式转变成以项目制、任务制为核心的行动式科创教育模式。

什么样的科创教育改革才是顺应教育发展规律、适应新时代发展需求的?答案一定是项目制、任务制的行动式科创教育模式。这就要求从政策层面确立以下导向:其一,科创教育要更新以知识传授与考核为核心的理念和观念,推行"学以致用"的教学方法,将青少年引入沉浸式、体验式的学习实践场域;其二,需要强调的是,在这种场域中不再有学科界限,任何项目或任务的完成都被设置为对跨学科或交叉学科人才培养探索与实践的鼓励和支持;其三,行动式科创教育模式具有时代特征,即为了应对数字化的大趋势,在各学段加强对青少年数字思维、数字素养和数字能力的培养。第三点包含两个层面的数字化内容。一是将数字技术作为科创教育内容,即让青少年从理论、机制、应用等层面理解数字技术。这是针对青少年数字素养和数字能力的培养,既涉及好奇心和探索欲的激发,又包含对数字领域拔尖创新人才的早期识别和培养。二是将数字技术作为科创教育工具,即鼓励科学教师、科技辅导员、科研人员、科技企业技术专家组成跨学科团队,加大教师培训力度,推动数字化科创教育平台和产品的研发与应用。

(三) 多元协同发展:高校引领、企业参与的科创教育生态

基础教育学校是青少年科创教育的主阵地,但这并不意味着科学教师和科技辅导员只能孤军奋战。从社会层面构建科创教育共同体,是重视校外科创教

育学习环境育人功能的现实要求。如果不能建立校内外多元科创教育主体的协同育人机制,不同学段的青少年必然会被各个自说自话、自娱自乐的科创教育场域隔离,从而无法实现纵向持续的跨学段科创教育和横向拓展的跨学科内容深度整合。

1. 高校引领的大中小科创教育一体化建设

高校引领在科创教育理念与实证研究、学科构建、师资培训等方面的贡献和作用不再赘述。这里重点讨论高校引领在科创教育实践活动方面的重要作用。

高校可以通过构建科研项目、学生参访、科学家走进中小学、举办夏令营和科技节等,引领青少年开展科创教育实践。首先,研究表明,以项目形式建立国家实验室、全国重点实验室、大型科学设施面向各类学校开放与服务的制度,将青少年带到高校等科研院所,让他们与科学家面对面交流,甚至以成员身份参与课题研究,会让他们对科学技术和工程技术的认识与态度发生积极变化。青少年进入高校科研实验室的学习经历,能够显著改善他们心中对科学家的传统印象,同时增进学生对科学家本人及其工作环境的了解,进而对他们的科研从业意愿产生积极影响。这种经历还给予了学生们近距离接触科技工作者的机会,使他们有机会了解科技工作者的科学研究方向、个人兴趣以及日常生活。其次,高校科技工作者与中小学合作打造丰富多彩的青少年科学项目化实践课程也是高校引领的重要内容。例如:上海大学环境与化学工程学院与上海大学附属中学深度合作,推出针对青少年的工程教育等系列项目化课程;北京科技大学教师在其附属小学开设科学类课程,以"大手牵小手"的方式共享优质教育资源。此外,科技冬、夏令营对于激发青少年的好奇心和探索欲以及拔尖创新人才的早期识别和培养至关重要。

2. 从产业层面培育科创教育服务产业的共同体和生态

我国应当通过政策支持和激励措施,提高科技企业,特别是中小科技企业参与科创教育的意愿和能力。一方面,将科创教育的参与度纳入"小巨人"企业、专精特新企业、高新技术企业等的评比和考核体系,设立科创教育产业发展基金,加大对前沿科技企业参与科创教育事业的支持力度,并降低科技企业开发的科创教育产品、课程及实验设备进入教育系统采购清单的准入门槛。另一方面,培育和支持社会培训机构的发展,提供必要的资源和培训。降低科创教育社会培训机构的准入门槛,积极引导社会培训机构加大投入,将前沿科技引入教育资源孵化转化的能力。秉持"创新驱动、服务引领、资源整合、开放共享"的理念,构建科创教育生态系统,提升科创教育服务水平,促进科创教育的全面发展,建设科创教育服务产业发展的核心驱动生态。

星星之火，可以燎原：高中生创新实践小故事

上海市青少年科学创新实践工作站，作为上海这片教育沃土的璀璨明珠，其最引以为傲的成就，莫过于一批批怀揣科学梦想的"科创新苗"，在这片充满希望的沃土上苗壮成长。自成立以来，工作站仿佛是时间的见证者，默默记录着这些幼苗生根发芽、枝繁叶茂的全过程。这些年轻的科创者，犹如夜空中最亮的星，照亮自己前行道路的同时，也用耀眼的光芒，为周围的伙伴们点亮了通往未来的希望灯塔。当我们回望这些年的历程，仿佛能够清晰地看到那些朝气蓬勃的身影，他们怀揣着对科学的热爱与憧憬，坚定地踏入了工作站的大门。在这里，他们接触到了最前沿的科技知识，投身于各种创新实践活动中，不断地挑战自我、超越极限。在导师的悉心指导下，他们不断地学习、实践、探索，一步一个脚印，逐渐成长为能够独当一面、承担科研项目的优秀科创人才。

在工作站的精心培育下，这些科创新苗逐渐崭露头角。他们参与各类科研项目，积极探索未知领域，不断地突破科学的边界。他们用自己的创新成果，为国家的科技进步贡献着力量，也为自己的未来发展奠定了坚实的基础。在这个过程中，他们收获的不仅仅是知识和技能，更是全方位的成长和进步。他们学会了如何独立思考、如何团队协作、如何面对挑战和克服困难。这些宝贵的经验，将成为他们未来人生道路上的宝贵财富。更为难能可贵的是，这些科创新苗并没有满足于个人的成就和荣誉。他们深知，一个人的力量是有限的，只有

团结一心、携手并进,才能创造出更加辉煌的成就。因此,他们在关注自身成长的同时,也时刻心系身边的伙伴。他们毫不吝啬地分享自己的经验与智慧,助力身边的伙伴共同成长、共同进步。

每当回望在工作站的经历,科创小达人们的心中总会涌起一股对工作站的深深眷恋。那些日子,他们与伙伴并肩作战,共同探索科学的奥秘,追求创新的极致。在工作站的每一个角落里,都留下了他们成长的痕迹。每一次实验,每一次突破,都凝聚着他们的智慧与汗水。这段经历不仅让他们收获了宝贵的知识和技能,更让他们体验到了科研的魅力和乐趣。回想起那段与科创达人们共度的时光,他们的心中总会涌起一股难以言表的自豪和感慨,那是他们梦想启航的地方。

一、科创小达人的成长之路

在浩渺无垠的星辰宇宙中,每一颗璀璨的星星都承载着无尽的梦想与希望。而在我们生活的这片土地上,也有一群闪耀的科创小明星,他们如同初升的朝阳,照亮着科技创新的未来之路。他们用自己的智慧和汗水,书写着一段段令人瞩目的成长传奇,他们是这个时代最闪亮的星星。当我们揭开科创小明星成长之路的序幕,仿佛进入了一个充满奇迹与挑战的世界。在这里,每一个小明星都怀揣着对科学的热爱与对未知的渴望,他们在科技创新的道路上砥砺前行,用自己的行动诠释着"知识改变命运"的真谛。他们的成长之路充满了无数次的失败与挫折,但他们从未放弃,始终坚持着自己的梦想和信念。

在接下来的篇章中,我们将一起见证这些科创小明星的辉煌历程,感受他们在科技创新道路上的坚韧与执着。让我们共同期待,这些未来的科技巨匠将如何引领我们走向更加美好的明天。在科技日新月异的今天,我们见证了许多年轻人在科研道路上闪耀出独特的光芒。

揭开金银花煎煮之谜

在科研的星辰大海中,总有那么一些人,他们怀揣着对未知世界的无尽好奇与憧憬，勇敢地踏上了探索之旅。接下来，我们要了解的，就是这样一位年轻的科创小明星——马婧雯。她以其敏锐的洞察力和坚定的信念，在科研道路上留下了深刻的足迹。自从踏入科研的殿堂，她的目光就被一种常见的中药材——金银花所吸引。这种被人们誉为"清热解毒的良药"的植物，频繁出现在中成药的配方中，然而关于如何最大化发挥其药效的煎煮方式，古籍中却鲜有记载。这一空白，犹如一块磁石，吸引着马婧雯去探索其中的奥秘。

金银花，这个看似普通的名字，却蕴藏着无尽的秘密。为了揭开金银花煎煮之谜，马婧雯开始了她的科创之旅。她首先查阅了大量关于金银花的文献资料，深入了解其化学成分和药理作用。她发现，金银花中含有一种名为绿原酸的成分，这种成分对于清热解毒具有显著作用。然而，绿原酸的含量却受到煎煮方式的影响。于是，马婧雯决定将绿原酸的含量作为衡量金银花药效高低的重要指标，并探索不同煎煮方式对其含量的影响。

面对海量的研究资料和紧迫的时间，马婧雯展现出了惊人的毅力与智慧。她没有被困难所吓倒，反而将挑战视为前进的动力。她将复杂的研究课题细化为多个小问题，如煎煮过程的详细步骤、影响药效的关键因素等，并制定了详细的研究路线和计划表。她深知，只有脚踏实地、一步一个脚印地前进，才能最终揭开金银花煎煮之谜。

在实验阶段，马婧雯更是倾注了全部的心血。她巧妙地运用了正交实验法和紫外分光光度计等先进技术，不仅准确测量了绿原酸的浓度，还减少了实验次数，提高了研究效率。在实验室里，她度过了无数个日日夜夜，一遍遍地调整实验参数，一次次地观察实验结果。她不怕失败，更不怕困难，因为她深知每一次失败都是通往成功的必经之路。在导师和任课教师的悉心指导下，马婧雯不断完善实验方案，逐渐培养了严谨的科学精神。她学会了如何科学地设计实验、如何准确地记录数据、如何客观地分析实验结果。这些宝贵的经验不仅让她在科研道路上更加得心应手，也让她在日常生活中更加自信和从容。

数月的辛勤付出终有回报。经过无数次的实验和尝试，马婧雯成功揭示了金银花煎煮的奥秘。她发现，不同的煎煮方式对金银花中绿原酸的含量有着显著的影响。通过优化煎煮方式，可以显著提高金银花的药效。这一发现不仅填补了古籍中关于金银花煎煮方式的空白，也为中医药的现代化研究提供了新的思路和方法。在成果汇报会上，马婧雯以自信而从容的姿态向导师和同学们展示了她的研究成果。她详细阐述了实验过程、数据分析和结论，赢得了阵阵掌声。这次经历让她深刻体会到了科研的艰辛与乐趣，也极大地提升了她的科学素养和演讲能力。她深刻领悟到，解决一个庞大而抽象的问题需要将其分解为具体的步骤和计划，逐步推进并在实践中不断修正与改进。

站在探究者的视角上，马婧雯不仅揭示了金银花的煎煮原理，更领悟到了中医药的博大精深。她认识到中医药是一座蕴含无尽奥秘的宝库，需要人们去挖掘和传承。她深知自己的责任重大，也深知自己的使命光荣。在未来的学术道路上，她计划通过系统的医学理论学习，设计更多相关实验，深入探究中医药治病背后的科学性。她希望能够用自己的努力和智慧为中医药的发展贡献力量。

对于即将踏上科创之路的年轻学子们，马婧雯给出了诚挚的建议。她鼓励大家保持好奇心，从身边的事物中汲取灵感，站在探究者的视角上推究事物的原理，理解前人的研究路线和方法。同时，她强调勇于实践的重要性，将灵感转化为具体的行动和成果，在反复的实践中不断总结和改进。她相信只要大家保持对科研的热爱和追求，就一定能在科创的舞台上绽放光彩。马婧雯的科创之路并非一帆风顺，但她始终保持着坚定的信念和执着的追求。她用自己的实际行动诠释了科创精神，也为我们树立了榜样。她的故事告诉我们，只要有梦想、有勇气、有毅力，就一定能够在科研的道路上走得更远、更高、更广阔。导师们的赞誉，是对马婧雯努力的最好肯定。他们称赞她积极主动、学习能力强，在课题研究中深入探索、系统研究，达到了课题研究的目标。马婧雯深知这些成绩的取得离不开导师们的悉心指导和自己的不懈努力。在未来的科研道路上，她将继续秉持严谨求实的态度，不断追求更高的学术成就，成为科创领域的璀璨明星。我们也相信，在不久的将来，马婧雯定会在中医药研究领域取得更加辉煌的成就，为人类的健康事业贡献更多的智慧和力量。

给厨余垃圾一个好去处

在复旦大学附属中学的校园里,张依舟的名字时常出现在科创竞赛的获奖名单中。她不仅学业优秀,更是一位热衷于探索科学奥秘的学子。生活中的点滴细节,对她而言,都是一次挑战和成长的机会。她的科创之路,就像一部精彩的冒险故事,充满了探索、发现与成功的喜悦。

科创过程中遇见的挑战——厨余垃圾的问题。随着上海垃圾分类政策的实施,家庭厨余垃圾的处理成为人们关注的焦点。张依舟在一次偶然的机会中,对"垃圾去哪儿了"这一问题产生了浓厚的兴趣。她深入小区走访,观察厨余垃圾的处理流程,发现厨余垃圾在家庭中存放的时间往往长达数小时甚至十几个小时。这些垃圾在存放过程中,不仅会产生难闻的气味,还可能滋生细菌,对家庭居住环境造成严重影响。为了更深入地了解厨余垃圾的危害,张依舟决定开展一项科研项目,开启自己的探索之路。在导师的指导下,她开始了紧张而充实的科研之旅。她首先学习了气体样品采集、检测、数据分析等科研技能,这些技能对于她后续的实验至关重要。接着,她运用控制变量法的思想,独立设计了实验方案与反应装置。在实验中,她细心地观察和记录数据,努力揭示厨余垃圾在不同温度条件下产生的有害气体情况。

经过数月的努力,张依舟终于取得了突破性进展。她发现,厨余垃圾在存放过程中会产生多种有害气体,如硫化氢、氨气等。这些气体不仅会导致空气质量下降,还可能对人体健康造成危害。为了验证这一发现,她设计了多组实验,通过对比不同条件下的实验结果,进一步证实了厨余垃圾的危害性。

面对厨余垃圾的问题,张依舟没有止步于揭示其危害。她决心要找到一种解决方案,为家庭创造一个更加健康、舒适的居住环境。受到家中马桶盖紫外线消毒和公共卫生间喷雾消毒的启发,她创造性地提出了将两者结合的方法,为垃圾桶设计了除臭杀菌的功能。为了实现这一想法,张依舟开始了紧张的设计制作过程。她购买了紫外线灯、雾化器等配件,并查阅了大量资料,了解这些设备的工作原理和使用方法。在导师的帮助下,她成功地将这些设备整合到了一起,制作出了这种新型的厨余垃圾桶。为了验证产品的效果,张依舟设计了多组实验。她分别在不同温度、湿度和垃圾存放时间条件下,测试了这种新型垃圾桶的除臭杀菌效果。经过反复实验和改进,她发现紫外—次氯酸钠的消毒技术最适合家用垃圾桶除臭。这种技术不仅能够有效杀灭细菌、病毒等微生物,还能去除异味、改善空气质量。

在这个过程中,张依舟收获了成长,在谈到自己科创之路的启示时,她提到这次科研经历对自己来说意义非凡。她不仅成功解决了厨余垃圾的问题,还在过程中收获了宝贵的知识和技能。她学会了如何独立设计实验方案、如何运用科学方法解决问题、如何分析数据和撰写科研论文等。这些技能对她未来的学习和工作都将产生深远的影响。更重要的是,这次科研经历让张依舟深刻体会到了科研的艰辛与乐趣。她感受到了"发现—假设—探究"这一过程中的挑战与成就,更加坚定了自己追求科学的决心。她表示,将不断挖掘生活中的科学问题,用所学知识去解释和解决它们。

上海理工大学副教授李飞鹏对张依舟的科研能力和学习态度给予了高度评价。他称赞张依舟善于在生活中发现科学问题,具备强烈的学习意识和应用意识。在课题选择、实验设计和结果分析等方面,她都展现出了独到的见解和巧思。同时,她也掌握了大量的基本技能,夯实了理论基础,初步形成了研究问题的思路。李飞鹏教授表示,张依舟是一位极具潜力的科创人才。她不仅具备扎实的理论基础和实验技能,还具备敏锐的洞察力和创新精神。他相信在未来的科研道路上,张依舟一定能够取得更加优异的成绩,为人类的科技进步做出更大的贡献。

站在新的起点上,张依舟对未来充满了期待和憧憬。她表示将继续在科创的道路上探索前行,不断挖掘生活中的科学问题并寻求解决方案。她希望通过自己的努力能够为人类社会的进步和发展贡献力量。同时,她也希望能够激励更多的年轻人投身到科创事业中,共同为人类的未来探索新的可能性。她相信,在未来的日子里,她一定能够成为一颗璀璨的科创明星,在科学的天空中绽放出耀眼的光芒。

水稻种子纯度鉴定

在上海师范大学附属中学闵行分校的校园里,清晨的阳光洒在一位少女的身上,她就是李雅沛。这位平凡而又非凡的少女,以她勇于创新、努力实践的精神,在科创领域逐渐崭露头角,成为众多师生心中的科创小明星。特别是在"水稻种子纯度鉴定"的研究项目中,她的成长与收获更是显著,让人瞩目。

水稻作为我国的传统粮食作物,承载着亿万人民的口粮安全。杂交水稻以其卓越的高产特性,为我国乃至世界的农业发展做出了巨大贡献。然而,在这看似简单的粮食生产过程中,却隐藏着许多不为人知的秘密。李雅沛,一个对科学充满好奇心的少女,敏锐地察觉到了其中的一个问题:市面上所售的杂交水稻种子是否都如宣传般纯净? 这个问题不仅关系到农民的利益,更关乎国家的粮食安全。于是,她决定踏上探索水稻种子纯度的科研之旅。

在课题研究的初期,李雅沛深知自己面临的将是一场严峻的挑战。她首先通过文献研究法,深入分析了目前种子纯度鉴定的多种方法,如形态学鉴定法、分子标记法等。她仔细阅读了大量相关文献,对每个方法的原理、步骤和优缺点进行了详细的了解。经过仔细比较,她发现每种方法都有其局限性,无法完全满足她对水稻种子纯度鉴定的要求。于是,她决定将图像分析技术和分子技术相结合,设计出两套实验方案,以实现对水稻种子纯度的准确鉴定。

在实验阶段,李雅沛更是展现出了严谨、认真的态度。她先是对随机选取的水稻种子进行图像扫描,收集种子的各项性状数据。这个过程看似简单,实则烦琐而枯燥。她需要仔细调整扫描参数,确保每个种子的图像都清晰、准确。随后,她利用专业的图像处理软件对图像进行分析,提取出种子的长度、宽度和颜色等关键信息。这些信息将为她后续的分析提供重要依据。接着,李雅沛开始培育水稻幼苗。这个过程同样需要她付出极大的耐心和精力。她需要每天观察幼苗的生长情况,记录生长数据。同时,她还需要进行复杂的实验操作,如提取 DNA、进行 PCR 扩增等。这些步骤对于一个中学生来说无疑是一项巨大的挑战。然而,李雅沛并没有被困难所吓倒,她凭借着自己的毅力和决心,一步步地完成了实验。在凝胶电泳的环节中,李雅沛展现出了她的聪明才智。她凭借 DNA 分子移动速度的差异,成功区分出杂合子和纯合子,即真假杂交水稻种子。这个过程不仅需要她具备扎实的理论知识,还需要她具备丰富的实践经验。然而,李雅沛凭借着自己的努力和坚持,成功地完成了这一环节。实验结束后,李雅沛对实验数据进行了详尽的分析。她不仅统计了分子标记法的实验结果,还利用图像分析法对扫描结果进行了综合整理。她通过对比不同方法得到的结果,得出了本批次的杂交水稻种子几乎都是真正的杂交种子的结论。这一成果不仅验证了她的实验方案的有效性,也让她深刻体会到了科研的严谨与乐趣。

在课题研究的道路上,李雅沛遇到了诸多困难。其中,最大的挑战是数据分析。面对繁多的性状数据,她一度感到迷茫和无助。然而,在老师的指导下,她学会了利用变异系数等科学指标进行更深入的分析。她仔细研究每个数据点的变化趋势和规律,试图从中找出影响种子纯度的关键因素。经过反复推敲和验证,她终于成功地推断了种子的纯度。这个过程不仅锻炼了她的科研能力,也让她学会了如何面对并克服挑战。在完成课题研究后,李雅沛撰写了论文并进行了答辩。这个过程不仅让她对自己的研究有了更深入的理解,也让她对整个科研流程有了更全面的认识。她用自己的话语清晰地阐述了实验的原理、方法和结果,并回答了评委们的提问。她的表现得到了评委们的高度评价,也让更多的师生对她刮目相看。

导师楼巧君副研究员对李雅沛的表现给予了高度评价。她表示,李雅沛在项目中展现出了强烈的好学精神和迎难而上的态度。她不仅在科研能力上有了显著提升,更在独立思考能力和科学素养上得到了很好的锻炼。楼巧君副研究员希望李雅沛能够继续保持这种精神,在未来的学习和科研道路上取得更大的成就。

在科创的道路上,李雅沛已经迈出了坚实的一步。她以勇于创新、努力实践的精神,不断探索和成长,成为科创领域的一颗璀璨新星。她的故事将激励更多的年轻人投身科研事业,为我国的科技创新贡献自己的力量。我们相信,在未来的日子里,李雅沛一定会在科研领域取得更加辉煌的成就!

助动车头盔佩戴情况监测识别模型

在上海市嘉定区,有一位科创小达人,她的名字叫陈思雨。她就读于嘉定区第一中学,不仅学业优异,更在科研领域展现出非凡的才华和勇气。陈思雨以她求真务实的态度和勇于创新的精神,在科研道路上不断探索前行。

随着城市的发展,电动自行车已成为市民出行的重要工具。然而,安全问题也随之而来。《上海市非机动车安全管理条例》明确规定,驾驶和乘坐电动自行车时必须佩戴安全头盔,以提高骑乘人员的安全防护水平。然而,在实际监管中,交警的人工查验面临着工作量大、环境恶劣、效率低下等诸多问题。这一现状激发了陈思雨的思考:能否利用人工智能技术,实现助动车头盔佩戴情况的自动监测识别? 在工作站老师的悉心指导下,陈思雨踏上了探索之路。她利用百度飞桨开源平台,深入学习了卷积神经网络和 Python 编程语言。从阅读公开程序到上手操作现成模型,再到设计自己的监测识别训练模型,她不断挑战自我,克服了一个又一个困难。每周,她都会向老师汇报研究进展,以报告的形式总结实验成果。这种严谨的科研态度,不仅让她养成了及时记录和总结的好习惯,更让她深刻体会到了求真务实、实事求是的科研精神。

为实现助动车头盔佩戴情况的自动监测识别,陈思雨面临着一系列技术难题。如何捕捉头盔? 结果如何呈现? 如何通过深度学习网络实现? 如何区分未佩戴头盔的行人和自行车骑行者? 这些问题让她陷入了深思。然而,她并没有因此而气馁,反而更加坚定了自己的决心。她决定采用黑匣子思想,简化问题,先抓住识别头盔这一主线。在深度学习神经网络的基础上,陈思雨将程序分为模型训练、模型预测和模型测试三个部分。她深知,训练是模型成功的关键。于是,她不断地将正确的数据输入到程序中,进行特征提取。在这个过程中,需要区分计算机的特征提取与人脑工作机制的不同。计算机对图像的特征提取依赖于各种滤波器、池化器等强化因子和函数,这些工具对目标物体的 RGB 三原色三维"像素"进行规律寻找。然而,市面上并没有现成的助动车头盔数据集。为了解决这个问题,陈思雨查阅了大量文献,找到了 LabelImg 这个软件。她利用这个软件,对百度搜索到的数百张助动车头盔照片进行了逐一标记,成功制作出了第一份助动车头盔训练数据集。在模型训练过程中,陈思雨不断尝试各种参数调整,如步长、强化因子等。她不断地进行对比实验,不断改进训练模型,最终得到了较为理想的训练结果和模型参数。在这一过程中,她展现出了对科研工作的执着追求和严谨态度。

为期四个月的工作站学习,对陈思雨来说是一次全新的体验。在这里,她不仅学到了深度学习、Python 编程等先进的人工智能领域知识,更重要的是她体会到了求真务实、踏实稳健的科研素养,以及鼓励创新、极致穷理、敢于试错改正、突破自我的科研精神。程老师的信息安全第一课让她感受到了科研工作的神圣与庄严;杨老师、黄老师和张老师则以科研伙伴的姿态与她展开头脑风暴,共同探讨科研的可行性和必要性。这种鼓励创新与尝试的内在科研精神,让陈思雨深受启发。科研工作的朴素一面,也让陈思雨感受颇深。从开题到制订时间计划,从研习深度学习神经网络知识到借助云端资源进行实验和设计,她一步一个脚印地前进。虽然过程中充满了困难和挑战,但她从未放弃过对自己的突破和超越。正是这种科研经历让她更加坚定了自己的信念和追求。

陈思雨的科研经历不仅激发了她突破自我的能力,更让她在科学研究乃至个人品质方面实现了自我突破。她深知科研道路漫长而艰辛,但她愿意为之付出努力和汗水。她相信只要保持对科研的热爱和追求,就一定能够在科研道路上走得更远、更稳。对于陈思雨的科研成果和表现,导师们给予了高度评价。他们认为陈思雨展现出了较为扎实的基本功、自主高效的学习和操作能力。同时,他们也希望陈思雨能够保持对科研的热爱和追求,在更多、更广泛的平台和场景中激发科研思维,取得更大提升。陈思雨的故事告诉我们一个道理:只有不断挑战自我、勇于探索未知领域的人,才能够在科研道路上取得更大的成就和突破。我们为陈思雨点赞并期待她在未来的科研道路上创造更多的辉煌!

二、科创小达人的璀璨星辰之路

在科技创新这片浩瀚无垠的宇宙,每一位探索者都是一颗独特的星辰,于广袤苍穹间散发着独属于自己的夺目光芒,那是智慧与勇气交融的绚烂辉光。繁星簇拥的天际之下,他们步伐坚定,一步一个脚印,踏破重重迷雾,蹚出一条满是星光与希望的征途,那是独属于他们的荣耀之路。这一年,岁月如同一位忠实的史官,默默记录下他们每一段或曲折、或激昂的心路历程,见证着他们从青涩走向成熟、从懵懂迈向蜕变的每一个珍贵瞬间。

最初,对科技创新的好奇如同一颗微小却炽热的火种,在科创小达人的心底悄然点燃。随着时间的推移,这火种逐渐燃成熊熊烈火,化作深入探索的坚定信念。这份信念支撑着他们不断前行,让他们在面对未知的科技领域时,拥有了不断突破自我的勇气与决心。他们在知识的海洋中遨游,在技术的世界里翱翔,不断挑战自我,超越极限。这一年,科创小达人经历了无数次的尝试与失败,也收获了无数次的喜悦与成功。他们学会了如何在困难面前不屈不挠,如何在挑战中寻找机遇。每一次跌倒后的重新站起,都让他们更加坚定前行的信念;每一次成功后的总结沉淀,都为他们积累了宝贵的经验财富。

如今,回顾这一年的心路历程,科创小达人感慨万分。他们深知,这一路走来并不容易,但正是这些经历让他们更加成熟、更加自信。展望未来,科技创新的道路依旧漫长,充满挑战,但他们已然做好准备,将继续在这条道路上砥砺奋进,用智慧做笔,以勇气为墨,书写属于自己、属于科技创新领域的更加辉煌灿烂的篇章。让我们一起走进科创小达人的世界,感受他们这一年来的心路历程,共同见证他们在科技创新道路上的成长与蜕变。

科创小达人的空气质量监测之旅

在 2022 年的那个金秋时节,一位怀揣着对科研无尽热情的年轻人,踏入了东华大学环境科学与工程实践工作站的大门。他,就是那位在"校园内外空气质量监测及评价分析"课题中展现才华的科创小达人。

　　随着工业化、城市化的步伐不断加快,空气质量问题逐渐成为人们关注的焦点。大气污染不仅影响着人们的呼吸健康,还威胁着植物的生长、天气与气候的变化,甚至对社会的可持续发展构成了严峻挑战。在中国式现代化的进程中,实现人与自然和谐共生,成了我们必须面对的重要课题。而这位科创小达人,正是为了探究这一课题,选择了空气质量监测作为自己的研究方向。

　　在课题开始之初,他深知室内空气质量问题同样不容忽视。随着人们生活水平的提高,室内装修材料和化工产品的应用日益广泛,这些物质在给人们带来便利的同时,也带来了不少潜在的污染风险。因此,他决定将室内空气质量也纳入研究范围,以期更全面地了解空气质量问题。为了确保研究的科学性和准确性,他精心选取了东华大学(松江校区)环境学院实验室室内、学校北门广富林路边以及学校公园内作为测试环境。这些地方分别代表了室内、交通繁忙区域和自然环境的空气质量状况,具有较高的代表性和研究价值。

　　在采样和数据分析阶段,他展现出了极高的专业素养和严谨的工作态度。他深知每一个数据都至关重要,因此他严格按照实验流程进行操作,确保数据的准确性和可靠性。他关注的主要空气污染物包括二氧化硫、二氧化氮、臭氧、$PM_{2.5}$ 和 PM_{10} 等常见的大气污染物。为了准确测定这些污染物的浓度,他采用了一系列专业的测定方法,如甲醛吸收—副玫瑰苯胺分光光度法、盐酸萘乙二胺分光光度法、靛蓝二磺酸钠分光光度法等。这些方法不仅具有高灵敏度和高准确性,还能满足不同污染物的测定需求。

　　然而,在课题研究和实验过程中,他也遇到了不少挑战。他发现室内污染物的检测结果与温度、湿度、大气压力等环境因素密切相关。为了减小这些因素的影响,他需要根据现场的实际情况制订详细的检测计划。例如,在检测臭氧时,他注意到橡胶管可被臭氧氧化,从而消耗一部分臭氧。为了确保数据的准确性,他特别选用了优质的聚乙烯管来替代橡胶管,以避免臭氧的损耗。除了技术上的挑战外,他还需要面对时间上的压力。由于课题的研究周期较长,他需要在有限的时间内完成大量的实验和数据分析工作。为了确保课题的进度和质量,他不得不加班加点地工作。然而,他并没有因此而感到疲惫和沮丧。

相反,他视之为一次难得的锻炼机会,不断提升自己的科研能力和综合素质。

在课题的后期阶段,他还需要对收集到的数据进行整理和分析。这是一项烦琐而重要的工作,需要他耐心细致地处理每一个数据。他运用统计学和数据分析的方法,对空气质量在时间、地理位置、天气等不同条件下的差异性进行了深入探讨。他的研究成果不仅揭示了空气质量的变化规律,还为人们提供了科学的防治建议。

经过数月的辛勤努力,这位科创小达人终于成功完成了课题任务。他的研究成果得到了导师和同学们的高度评价,也为他未来的科研道路奠定了坚实的基础。这段旅程不仅是他个人成长的见证,更是对人与自然和谐共生理念的生动诠释。他深刻认识到空气质量监测的重要性,也明白了科研工作的艰辛与不易。但他坚信只要保持对科研的热情和执着追求就一定能够在科研道路上走得更远、更稳。

回顾这段科研之旅,他感慨万分。他意识到科研不仅是对知识的追求和探索,更是一种责任和担当。在未来的日子里他将继续秉持着这种精神,不断提升自己的科研能力和综合素质,为环境保护事业贡献自己的力量。同时,他也希望更多的人能够关注空气质量问题,共同为创造一个美好的生活环境而努力。

科创小达人的心路历程:热爱引领学习,学习深化热爱

在科研的广阔天地里,徐同学以其独特的心路历程,诠释了"所爱即所学,所学即所爱"的深刻内涵。这一年,她在工作站中的经历,不仅是对知识海洋的深入探索,更是对自我潜力的深度挖掘与成长的见证。

徐同学踏入工作站之初,面对的是一个全新的科研领域,一个充满了未知与挑战的世界。她所参与的研究项目,涉及许多她之前未曾涉足过的知识领域和思维方式。然而,这并未让她感到畏惧或退缩,反而激发了她内心深处的探索欲望。她毅然决然地踏出了舒适区,勇敢地面对未知,探寻自己的潜力所在。

这个过程充满了艰辛与困难。陌生的领域、复杂的理论、繁重的实验任

务……这些都让徐同学倍感压力。但她并未因此而气馁或放弃，反而以更加坚定的决心和更加沉稳的心态去面对这些挑战。她沉浸在科研的海洋中，专心致志地学习、思考、实践，不断地克服弱点、解决难题。在这个过程中，她逐渐培养出了更为坚定、沉稳的探索决心和学习定力。

那些日子里，徐同学常常沉浸在课题研究中，达到了一种极致的心理状态。她忘记了时间的流逝，忘记了周围的一切干扰，只专注于眼前的问题和思考。在这种状态下，她的思维变得异常敏捷和清晰，能够迅速找到问题的关键所在，并提出有效的解决方案。这种体验让她感到非常享受和满足，也让她更加坚定了继续前行的决心。

在科研的道路上，徐同学不仅收获了知识和技能，还收获了意外的惊喜。在整理数据和运行程序的过程中，由于工作量较大，她不慎犯下了一个小错误。在计算外流红移部分的外流速度时，她误选成了最靠近云核的外流的红移端速度。然而，正是这个小小的错误，让她意外地了解到了天文学家在选取数据时的小技巧。她意识到，在选取外流的速度区间时，为了脱离云核本身的速度，也为了避开云核本身的分子谱线发射带来的干扰，研究者们会将外流的速度定在和云核本身的速度相隔一个分辨率单位左右，即大约 1.3km/s。这个发现让她对天文学的研究方法有了更深入的了解和认识，也让她更加热爱这个充满奥秘的领域。

徐同学是一个对多学科都充满兴趣的人。她惊叹于这些学科看待世界、解释世界的精妙思维和独特视角，也为此陷入对未来专业方向选择的迷茫。然而，经过在工作站这一年的深入研究和探索，她逐渐找到了自己的兴趣和方向。她发现自己对天文学和自然科学充满了热情与好奇心，也意识到这些领域对于人类的发展和进步具有重要意义。她不再为未来应该选择哪个学科进行专业学习而感到焦虑或迷茫，因为她已经找到了自己的答案——所爱即所学，所学即所爱。

在这一年的心路历程中，徐同学的导师吕行教授给予了她极大的支持和帮助。吕教授非常欣赏徐同学对于未来职业方向选择的想法和态度，认为她的想法非常符合现代社会快速发展的趋势。他鼓励徐同学保持对天文学和其他自然科学的热情和好奇心,不断探索和发现新的知识和领域。同时,他也提醒徐同学要注重实践和经验的积累,不断提高自己的综合素质和能力水平。

回顾这一年的心路历程,徐同学感慨万千。她深刻地认识到科研之路虽然充满挑战和困难,但只要有热情和好奇心作为驱动力,就能够不断地成长和进步。她也意识到自己的兴趣和方向对于未来的职业发展和人生规划具有重要意义。她相信只要保持这份热情和好奇心,不断地探索和尝试新的领域与知识,就一定能够在科研的道路上走得更远、更稳。

正如古人所言:"日拱一卒无有尽,功不唐捐终入海。"徐同学用她的行动和经历向我们展示了什么是真正的坚持和付出。她以她的热爱和才华在科研的道路上留下了浓墨重彩的一笔,也为我们树立了一个值得学习的榜样。在未来的日子里,我们期待着她能够继续保持这份热爱和好奇心,在科研的道路上创造更加辉煌的成就。

赶超 AI,塑造"超能"人才

在上海市第三女子中学,一位名叫酆婧瑜的少女,以她超凡的科研才华和不懈的努力,在科技创新的道路上留下了浓墨重彩的一笔。她以"常用数据库系统及应用安全问题研究"为课题,深入探索数据库安全的奥秘,不仅展现了她卓越的科研能力,更体现了她对于网络安全领域的深刻理解和坚定信念。

在科研的道路上,酆婧瑜始终坚信:"能正确地提出问题就是迈出了创新的第一步。"这句话不仅成了她科研的座右铭,更是她不断前行的动力源泉。她决定深入研究数据库安全领域,这一选择源于她对网络安全重要性的深刻认识。

在日常生活中,我们时常听闻 QQ、微信账号被盗的事件,其中不乏一些影响力巨大的案例。例如,2021 年 12 月 12 日,印度总理莫迪的个人推特账号被盗事件,引起了全球范围内的广泛关注。这一事件不仅让人们对网络安全问题产生了更为深刻的认识,也激发了酆婧瑜对于数据库安全研究的热情。她意识到,账号密码的丢失不仅关乎个人隐私和财产安全,更有可能引发恐慌、误判,甚至网络战争。因此,她决定将自己的科研方向定位于数据库安全领域,为守护网络安全贡献自己的力量。

在课题研究的过程中,鄢婧瑜展现出了极强的独立思考和发散思维能力。她通过深入学习和理解数据库安全等相关知识,结合实训平台实验系统环境,选择针对特定版本的数据库系统(MySQL/MSSQL 等)进行安全研究和探索实验。她发现,一般性的网络攻击都会尝试获取登录者的身份信息,如账号、密码等,而常用的攻击手段包括字典攻击、凭据填充攻击和完全暴力破解攻击。为了应对这些攻击手段,市面上的预防方法多基于互动方式,如图片拖动、字母识别或动态口令等,但这些方法同样存在被机器截获的隐患。

为了解决这一问题,鄢婧瑜从人机差异的本质出发,设计了一套独特的算法来识别真人输入和机器输入。她通过测试发现:真人输入间隔时间通常大于0.5 秒;真人对图片的感受具有个性化;自然语言评价在真人个体间存在差异。基于这些发现,她将这三个特点结合成算法,并成功实现了 Demo 界面。经过模拟测试,该 Demo 程序能够成功拦截纯字典攻击、凭据填充攻击和暴力破解攻击。这一成果不仅证明了她的研究思路的正确性,也为数据库安全领域提供了新的解决方案。

然而,科研的道路并非一帆风顺。在课题研究的初期,鄢婧瑜面临着诸多困难和挑战。由于缺乏自我认识和对课题的深入理解,她最初的研究方向过于宽泛,需要学习的内容繁多。在导师的指导下,她逐渐收窄了研究范围,将重点放在了登录时的人机识别上。同时,她也遭遇了编程语言选择不当、模拟攻击选择困难等问题。但正是这些挑战和困难,锻炼了她解决问题的能力和抗压能力。她通过反复尝试和实践,不断调整和完善自己的研究方案,最终成功完成了课题探究。

在科研实践的过程中,鄢婧瑜不仅学习到了课本外的新知识、新技能,更培养了她的自学能力和动手能力。她学会了如何大胆假设、积极尝试、不断学习,这种精神让她在遇到困难时能够迎难而上,不断突破自我。同时,她也深刻体会到了各学科的相通性和联系性,让她对学习课程产生了更为浓厚的兴趣。出于对网络游戏及计算机编程方面的兴趣,鄢婧瑜选择了"常用数据库系统及应用安全问题研究"的课题。但她并不满足于现状,她希望挑战自己尚未触碰过的领域,拓宽自己的知识面。因此,她计划未来尝试生物及医药方面的科创课题,以进一步完善自己的学习能力和学习方法。

鄢婧瑜的科研之路还在继续。她用自己的实际行动证明了"办法总比困难多"的真谛。她的导师对她的评价是:"有很强的独立思考和发散思维能力,能够较为优秀的开展研究,从需求出发,发现问题、分析问题、解决问题,并回归应用,掌握相关原理,并开展实验。"这是对鄢婧瑜科研能力的最好肯定,也是对她未来科研之路的无限期待。

对于后续参加科创的同学们,鄢婧瑜给出了宝贵的建议:"大胆假设、积极尝试,碰到困难时尽量多与导师沟通。因为困难是暂时的,只要方法用对了,成功只是时间的问题。"她的经验告诉我们,参与科创和不断学习一样,都需要贵在坚持。只有不断发现问题、解决问题,才能不断完善自我、不断进步。

鄢婧瑜的故事不仅是一次科研实践的记录,更是一次心灵成长的历程。她用自己的努力和智慧书写了属于自己的精彩篇章,也为后来的科创小达人们树立了榜样。让我们期待她在未来的科研道路上继续闪耀光芒,为科技创新和人类进步贡献更多力量!

生命不息,探究不止

上海财经大学附属北郊高级中学的顾航嘉,是一个真正的科创小达人。他对"学以致用,知行合一"的科研精神有着深刻的理解和不懈的追求。他的课题"拟谷盗的家庭驱杀试验探究",不仅展现了他对科学探索的浓厚兴趣,更体现了他将理论知识与实际问题紧密结合的实践能力。

顾航嘉的课题起源于一个日常生活中的常见问题。家中的米、面等谷物中常常隐藏着一种体型微小、颜色发黑的甲壳类小虫——"米虫"。这些米虫虽小,但危害不小。它们不仅分泌臭液,使面粉产生霉腥味,其分泌物中还含有致癌物苯醌,会对人们的健康构成威胁。此外,它们还会导致粮食重量的减少,影响粮食的质量,甚至传播疾病。为了解决这一难题,顾航嘉决定探索一种适合家庭的驱虫方案。

在课题开始前,顾航嘉进行了充分的调研。他查阅了大量资料,了解到家庭粮食中的米虫主要是混生的赤拟谷盗和杂拟谷盗,均属于鞘翅目拟步甲科拟谷盗属。这些米虫的生活习性和行为特点成了他研究的重点。在科研过程中,顾航嘉首先对拟谷盗的生物学特性进行了深入的了解。他研读了大量关于昆虫感觉器官工作原理和外界信息传导途径的文献资料,对拟谷盗的感光性、趋光性、嗅觉系统等方面有了全面的认识。他发现,拟谷盗对气味的反应是实现驱杀的重要途径。基于这一发现,顾航嘉设计了两种实验方案:微波炉直接加热和在粮食中混入常见调味品。在微波炉加热实验中,他将拟谷盗与大米混合后放入微波炉专用容器中,通过控制加热时间和温度来观察杀虫效果。在调味品趋避实验中,他选择了大蒜、生姜、大葱、大茴香、花椒五种常见的调味品作为实验材料,通过精确称量和混入面粉中,观察拟谷盗的趋避反应。

实验过程并非一帆风顺。由于新冠疫情的影响,顾航嘉不得不在家中进行实验。材料数量有限、器材较为简陋等因素给实验带来了诸多困难。最初采集到的成虫衰老、死去,使得调味品趋避实验中的虫源数量减少。面对这一困境,顾航嘉没有放弃。他通过阅读文献、筛选调味品种类等方式,最大限度地利用了有限的资源,保证了实验的顺利进行。经过反复实验和数据分析,顾航嘉发现微波炉加热的方法虽然有效但操作烦琐且不适合大量处理;而调味品趋避实验则显示出了良好的驱虫效果。其中,花椒的趋避效果最为显著,生姜和大葱的趋避效果也较强。这一发现为他后续的研究提供了重要的参考。

通过这次实践探究活动,顾航嘉不仅学习了丰富的生物学知识,还培养了在生活中发现问题并将理论与实践相结合以解决问题的能力。他深刻体会到科学研究的严谨性和细致性,认识到打好扎实的理论基础的重要性。同时,他也感受到了科研实践的艰辛和乐趣,以及跨学科知识在解决实际问题中的重要作用。未来,顾航嘉计划在后续的研究中继续完善调味品趋避试验,探索不同浓度、多种香料混合的趋避效果。他还计划设计并验证拟谷盗虫的驱一诱装置,将研究成果实用化。这一课题不仅具有重要的现实意义,还体现了顾航嘉在科研创新方面的潜力和能力。他的导师对他的科研创新能力和实验精神给予了高度评价,相信他未来会在科研道路上走得更远。

展望未来,我们有理由相信,这些科创新苗们将会继续在科创领域发光发热、创造辉煌。他们将会用自己的智慧和才能,推动科技的进步和发展;他们将会用自己的行动和实践,诠释科创精神的真谛和价值;他们将会用自己的成就和荣誉,为整个国家和民族的未来贡献更多的力量。

三、科创小达人的心灵之旅与深刻感悟

每一次的科技创新,都是一次与未知世界的对话;每一次的突破,都是对自我能力的深度挖掘。在这条充满挑战与惊喜的道路上,活跃着一群充满朝气的科创小达人。他们在一次次实践中,不断打磨技术、锤炼思维,从每一次的失败和成功中,真切感悟生活的真谛,探寻人生的价值。他们,不仅是学业的佼佼者,更是科技领域的探索者、实践者和创新者。他们的每一次实验、每一次探索、每一次创新,都凝聚着对知识的渴求、对未知的勇敢以及对梦想的执着。

科创,对于大多数人来说,可能是一个遥远而神秘的词汇。然而,在上海这群高中生眼中,科创早已融入他们的生活,成为他们追求梦想、实现价值的广阔舞台。他们在这里,不仅学到了知识,更学到了如何运用知识去创新、去改变世界。他们用自己的双手,将一个个看似不可能的梦想变成了现实,将一个个微小的创意变成了伟大的发明。在他们看来,科创不仅仅是一种技术、一种方法,更是一种精神、一种态度。它要求我们敢于挑战未知、敢于突破传统、敢于创新实践。而这些上海高中生,正是这种精神的最好诠释者。他们用自己的亲身经历告诉我们:科创并非遥不可及,只要敢于尝试、勇于探索、善于创新,人人都能成为科创的佼佼者。

这些科创小达人,在科创的道路上,有过欢笑、有过泪水、有过挫折、有过成功。但他们从未放弃过自己的梦想,从未停止过对科技的热爱。他们用自己的实际行动,证明了青春的力量是无穷的、科技的力量是强大的。他们的故事,让

我们看到了年轻一代的活力与激情，也让我们看到了科技创新的无限可能。今天，让我们走近这群科创小达人，聆听他们关于科创的切身感悟，感受他们如何在青春的年华里，与科技共舞，用智慧点亮未来。

在他们的叙述中，我们将一同见证这些科创小达人的成长历程，感受他们的喜怒哀乐、悲欢离合。我们将看到他们如何从一个个小小的想法开始，一步步走向成功；如何从一个个微小的创新开始，一点点改变世界。他们的故事将激励我们更加努力地学习、更加积极地探索、更加勇敢地创新。这里不仅仅是对他们科创经历的记录，更是他们心灵成长的见证。在这里，你可以看到他们如何面对失败、如何战胜困难、如何坚持梦想。他们的感悟，如同璀璨的星辰，照亮了我们的心灵，也照亮了我们前行的道路。

现在，让我们一同跟随科创小达人的脚步，走进他（她）的心灵之旅，聆听那些充满智慧和情感的感悟。

勇于钻研和永不放弃的精神让我们收获成功

王舒琬在那座充满智慧与活力的工作站里，不仅收获了知识的果实，更收获了与众多优秀师生共同成长的宝贵经历。

科创小达人在工作站的日子里，最大的收获无疑是遇到了那些知识渊博的老师。他们如同智慧的灯塔，为学子们照亮前行的道路。老师们关于计算机科学、人工智能等领域最新进展的讲座，不仅大大拓宽了她的视野，更激发了她深入探索这些领域的热情。每当听到那些前沿的科研成果和理论，她的心中都充满了对知识的渴望和对科研的向往。

居家学习期间虽然给工作站带来了挑战，但并未阻挡科创小达人追求知识的步伐。在线学习的形式，让他们以全新的方式聚集在一起。在 QQ 群里，他们共同学习、讨论、交流，共同攻克难题。每当有同学提出一个问题，都会引发一场热烈的讨论。这种浓厚的学习氛围和科学探索精神，让科创小达人更加坚定了自己的研究方向和信心。

在学习的过程中，王同学逐渐意识到自己在计算机信息技术领域还有许多需要学习的地方。然而,正是这些挑战让她更加体会到研究和学习的乐趣。她深深体会到老师曾说的那句话:"课题来源于生活,不懈的学习和探索才能创造更多的价值。"这句话如同座右铭一般,时刻提醒着她要勇于探索、不断进取。

在科研的道路上,科创小达人不断地追求着更高的目标。她希望通过自己的努力和汗水,能够产生更多的科研成果,为社会的发展贡献自己的力量。为了实现这一目标,她更加勤于观察、勤于思考、勤于学习和勤于实践。她相信,只有通过不懈的努力和不断的探索,才能让自己在科研的道路上走得更远、更稳。

对于那些想要参与科创的小伙伴们,科创小达人有着自己的建议和鼓励。她告诉他们:"科创并不神秘,生活中处处都有课题。只要你有一颗勇于钻研和永不放弃的心,你就能在科创的道路上收获成功和喜悦。"她用自己的经历告诉他们,科创并不是遥不可及的梦想,而是每个人都可以实现的现实。只要敢于尝试、敢于挑战、敢于创新,就能创造出属于自己的科研成果。

在科创小达人的心中,科创不仅是一种精神追求,更是一种生活方式。她相信,在未来的日子里,会有更多的人加入到科创的行列中来,共同为社会的进步和发展贡献自己的力量。而她自己也将继续在这条道路上努力前行,不断追求更高的目标和更大的成就。因为她深信,只有勇于钻研和永不放弃的精神,才能让她在这个充满挑战和机遇的时代中收获成功和喜悦。

常常是最后一把钥匙打开了门

在探索与创新的道路上,每一个突破性的发现都如同那最后一把钥匙,悄然间打开了成功的大门。对于这位科创小达人来说,他的科研之路正是如此。他,通过一款名为"校友结伴上学"的手机 App,不仅解决了自己与同学们上学途中的困扰,更在科研实践中收获了宝贵的经验。

起初,这个课题的构想源于他个人的亲身经历和对周围环境的敏锐观察。在初中的那段时光里,他每天都需要花费大量的时间在上下学的路上,而家长也因为接送他而影响了正常工作。他注意到,班上还有不少同学与他有着相似的困境。这份共鸣让他开始思考,是否有一种方式能够改善这种现状。进入高中后,他发现自己和许多同学依然需要结伴上学,而周围邻居的孩子们也面临着同样的问题。此时,他坚信信息技术能够成为解决问题的钥匙。

怀揣着这份信念,他开始了深入的调研和思考。通过与同学、老师和小区邻居的交流,他逐渐了解到大家对于结伴上学的迫切需求。同时,他查阅了大量的文献资料,发现目前在这个问题上虽然有一些解决方案,但尚未有一个能够广泛满足大家需求的平台。这让他更加坚定了自己设计一款手机 App 来帮助有需要的同学的决心。

在确定了基本方案后,他面临的最大挑战便是 App 系统的开发实现。虽然他对 Python 语言有一定的了解,但他很快发现这些知识对于 App 开发来说远远不够。正当他感到迷茫之际,复旦大学计算机科学与技术实践工作站招收学员的通知如同及时雨一般降临。他毫不犹豫地带着自己的课题构思加入了工作站,开始了学习 AppInventor 开发的旅程。

在导师的精心指导和自己的不懈努力下,他逐渐掌握了 AppInventor 的各种开发方法。他开始着手实现自己的 App,从界面设计到功能实现,每一个细节都凝聚着他的心血。他首先完成了管理员、学生和老师的用户界面设计,力求让每一个用户都能轻松上手。接着,他按照之前设想的逻辑思维图,开始构建登录系统和推荐系统。

在构建登录系统的过程中,他面临着诸多技术挑战。为了确保 App 能够实时访问数据库并对账户信息、个人信息、结伴帖子、结伴小组等信息进行管理,他采用了大量的列表来保存学生的各项数据。同时,为了保障数据的安全性和稳定性,他选择了网络数据库作为数据存储的载体。在这个过程中,他经历了无数次的尝试和失败,最终才成功实现了网络数据库的选择和连接。

而在构建推荐系统时,他遇到了一个更为复杂的问题——如何计算双方的距离。为了解决这个问题,他决定将学生的家庭地址转化为经纬度值进行计算。然而,这个过程并非易事。他需要调用百度 API 来实现这一功能。通过注册账户获得开发权限、选择适用的 API、编写相关的程序调用代码等多次调试后,他终于成功实现了这个功能。当看到 App 能够准确地推荐出距离相近的结伴对象时,他心中的喜悦溢于言表。

在这个过程中,他不仅学到了许多宝贵的技术知识,更重要的是学会了如何面对困难和挑战。他深知科研之路充满了艰辛和未知,但正是这些挑战和困难让他更加坚定了自己的信念和决心。如今这款"校友结伴上学"App 已经成功上线并受到了广大用户的好评。他相信,在未来的日子里自己还将继续在科研的道路上探索和创新,为更多的人带来便利和帮助。

科研之路上的探索者

在上海外国语大学附属浦东外国语学校的科研天地里,一位名叫戴德音的学子以其独到的科研洞察力和扎实的实践能力,赢得了师生们的广泛赞誉。她不仅以"创新地拓宽思路,踏实地处理数据"为科研座右铭,更在"地铁车厢 $PM_{2.5}$ 暴露特征与影响因素的研究"中,展现出了非凡的科研素养和深厚的学术潜力。

地铁中的"隐形杀手"。地铁,作为当代城市生活的动脉,承载着无数市民的出行需求。然而,在地铁车厢这种封闭、微型的空间中,$PM_{2.5}$ 这一空气中的微小颗粒物却悄然威胁着人们的健康。戴德音敏锐地捕捉到了这一问题,并决定带领团队进行深入研究。她设计并开展了一项对三条地铁轨道线路车厢内的 $PM_{2.5}$ 浓度、温度、人流、湿度、室外环境状况和波动情况的监测。为了确保数据的准确性和全面性,她和团队成员选择了早中晚不同时间段进行 $PM_{2.5}$ 浓度测量,力求为市民提供一份关于地铁出行 $PM_{2.5}$ 暴露的详细参考报告。

数据的力量。在收集了大量数据后,她们一起对这些数据进行深入分析。她们发现,车厢内 $PM_{2.5}$ 浓度受到人流量、车厢内不同位置以及室外环境等多种因素的影响。为了更直观地展示这些发现,她们将站点浓度平均值汇总形成浦东新区部分线路浓度值地图,为市民提供了直观的出行参考。此外,她们还检验分析了地铁车厢内不同位置(连接处、座位)的 $PM_{2.5}$ 浓度是否存在显著差异,并通过计算 Pearson 相关性系数初步确定了人流量、室外环境对车厢内 $PM_{2.5}$

浓度的影响。这些分析不仅揭示了地铁车厢内 $PM_{2.5}$ 浓度的变化规律,更为后续的研究提供了有力的数据支持。

创新与实践。在深入研究的过程中,戴德音和她的团队展现出了高度的创新精神和实践能力。她们不仅将理论知识与实际应用相结合,更在实验中不断尝试新的方法和手段。例如,在数据整理和分析阶段,她们学习了专业统计学软件,并成功地将这些工具应用于科研实践中。这种不断学习和探索的精神,使她们在科研道路上越走越远。

科研的艰辛与收获。科研之路并非一帆风顺。戴德音和她的团队在实验中遇到了许多困难和挑战。但正是这些挑战,让她们更加坚定了科研的信念和决心。她们不辞辛劳地完成了采样工作,夜以继日地对数据进行分析和整理。在这个过程中,她们不仅收获了宝贵的科研经验,更培养了坚韧不拔的毅力和团队合作精神。

作为组长,戴德音在每次沟通前都会列出需要讨论的内容,并根据组员的特长进行合理分工。她深知自己的责任重大,因此在开题报告阶段就深入思考了方案的现实意义,并在助教和老师的指导下不断完善细节。这种认真负责的态度赢得了大家的一致好评。

感悟与未来。经过这次科研实践,戴德音深刻体会到了科研的艰辛与不易。她认识到,科研需要付出大量的时间和精力,但正是这种付出让她更加珍惜每一次的实验机会和每一分的收获。同时,她也意识到科研对于社会进步和人类健康的重要性。她希望通过自己的努力,为改善人们的出行环境和健康状况贡献力量。未来,戴德音将继续致力于生态环境和人群健康的研究工作。她相信,只要坚持不懈地努力下去,就一定能够在科研道路上取得更加辉煌的成就。同时,她也鼓励广大学有余力的同学多参加科研实践活动,拓宽自己的视野和思路,为未来的学术生涯打下坚实的基础。

相信在这些感悟的指引下,科创小达人们都能更加坚定地走向未来,书写属于自己的精彩篇章。最后,让我们以这些科创小达人为榜样,用我们的智慧和热情去创造更加美好的未来。让我们一起在科创的道路上砥砺前行,用我们的双手去书写属于我们的青春华章！在科技创新的浪潮中，年轻的探索者，我们称之为"科创小达人"。他（她）不仅是一位技术领域的佼佼者，更是一个内心深邃、善于反思的智者。在这一段科技创新的旅途中，他（她）不仅收获了技术的突破和成功的果实，更在心灵深处积淀了无数的感悟和体会。

四、媒体如是说：星星之火，可以燎原

在上海这座充满活力和创新气息的城市，一群高中生以其非凡的科创才华和执着的探索精神，书写着属于他们的青春篇章。自 2016 年起，上海市教育委员会与科学技术委员会共同发起的上海市青少年科学创新实践工作站项目，为这些年轻的科创小达人提供了广阔的舞台。工作站如同一个摇篮，孕育着一批批怀揣梦想的年轻人。他们或许曾是默默无闻的学子，但在这里，他们得到了滋养，茁壮成长。如今，他们中的佼佼者已脱颖而出，成为科创领域的璀璨明星。

这个项目汇聚了复旦大学、上海交通大学、同济大学等顶尖大学和科研机构的资源，吸引了一批热爱科学、富有创新精神的高中生，让他们在实践中拓宽科学知识面，锻炼独立思考能力。通过连接学校内外的科技创新平台，该项目实现了学科间的多元整合，打通了课程与实践的界限，让年轻的心灵在科创的海洋中自由翱翔。

在众多优秀的科创小达人中，有对计算机科学保持着浓厚兴趣的小达人，在工作站项目中参与了复旦大学计算机科学与技术实践工作站的学习，通过专业课程学习、与行业领袖对话、实际动手实验等环节，他的科创能力得到了显著提升。他开发了一款智能语音识别系统，不仅提高了语音识别的准确率，还降低了系统的能耗，为人工智能领域的发展作出了贡献。有对环境保护充满热情的小达人，参与华东师范大学地理科学实践工作站的学习，并选择了"饮用水中微塑料含量与饮水来源相关性的研究"作为课题。通过实地考察和实验分析，她发现了微塑料污染对环境和人体健康的潜在危害，并提出了有效的防治建议。她的研究成果不仅引起了社会的广泛关注，也为环保事业作出了积极贡献。还有对我国传统中医药宝库进行挖掘的小达人，深入研究不同烹煮方式对

金银花提取的影响，为发扬中医药传统贡献自己的力量。他们或从身边发现交通安全隐患并设法预防，或从抗生素药物的使用中发现问题，或致力于解决病人的镇痛需求，或关注环境污染对人的影响……他们坚韧的创新志向和生动的创新历程令人钦佩。他们在实践中不断探索和创新，用实际行动诠释着科创精神。

他们有着生动的创新历程。或是从身边发现交通安全隐患并设法预防，开展了轨道安全隐患的检测和预防的研究；或是出于对抗生素药物的关注，进行了"四环素对蚤状溞急性毒性效应影响"的研究，想要为倡导居民合理使用、适量使用抗生素提供理论依据；或是想要为病人的镇痛需求贡献自己的力量，选择了"药物的镇痛作用"作为课题；或是对环境污染对人的影响产生兴趣，进行了饮用水中微塑料含量与饮水来源相关性的研究……

在每一段不平凡的科创历程中，众多参与者获得了难忘的探索经验：有的学生通过此次经历培养了创新思维的能力，对科研有了一个整体的概念；有的学生见识了物理界乃至科学界更广阔的世界以及最前沿的知识，刷新对世界的认知；有的学生在这一过程中，与伙伴们合作，还获得了与导师们现场互动、在公共场合发言的机会，收获了友谊；还有的学生则是在创新实践的过程中发现了自我兴趣所在，坚定了未来职业的选择。

这些科创小达人的故事只是众多优秀案例中的冰山一角。工作站优秀学员达人录收录了多名学员代表的科创格言、成果展示、心得分享和导师点评，展现了上海高中生崇尚科学、追求真理的学术胸怀，勇敢创新、合作进取的人生志趣，立足自身、服务国家的理想信念。

在上海这座充满活力和创新精神的城市里，青少年科创活动如火如荼地展开。而在其中，"上海青少年科创"微信公众号以其独特的宣传方式，发挥着举足轻重的作用。它不仅是一个信息传播的平台，更是一个灵魂的纽带，连接着每一位科创小达人的梦想与未来。这个微信公众号，如同一座璀璨的灯塔，在科创的海洋中指引着方向。每当有新的科创成果问世，每当有新的科创故事诞生，它总是第一时间捕捉到这些亮点，迅速将其传递给每一个关注者。《达人说》栏目聚焦工程、人工智能、生物、医学、数学、计算机科学、电子科学与技术等各个领域青少年的创新成就。在这里，每一个科创小达人的努力与付出都得到了应有的关注和认可，他们的梦想和热情得到了充分的展示和激发。微信公众号为科创小达人们提供了一个展示自我、交流学习的平台。《不容错过》栏目通过对各个工作站的介绍，为大家打开了一扇了解科创的窗口。在这个平台上，他们可以分享自己的研究经验、心得体会，也可以与其他志同道合的小伙伴共同探讨科学问题、交流创新思路。这种互动交流不仅让他们的科创之路更加丰富多彩，也让他们在这个过程中不断成长、不断进步。

在众多闪耀的科创星辰中，工作站犹如一颗璀璨的明珠，吸引着社会各界的目光。令人振奋的是，这颗明珠的光芒，得到了《解放日报》《文汇报》《新民晚报》等多家主流媒体的热情追捧和深入报道。这些权威媒体，如同科创领域的传声筒，将工作站的点点滴滴，传递给了千家万户。《解放日报》以其严谨的态度和深入的分析，揭示了项目背后的意义与价值，展现了上海在培养青少年科创人才方面的坚定决心。《文汇报》栏目《暑假做好科学素养的"加法"》则以其细腻的笔触告诉读者，创新需从不同的声音里长出来。学会"讲故事"背后有更多深意，工作站描绘的一个个生动鲜活的科创故事，让读者感受到了工作站培育的用心以及青少年们对科学的热情与梦想。《解放日报》还以《青少年科学创新实践工作站：探索综合育人新模式》直击工作站如何集社会之力一同探索青少年科创后备人才培养路径。

这些报道不仅极大地提升了工作站的知名度，更在全社会范围内产生了深远的影响。它们让人们看到了上海这座城市在培养青少年科创人才方面的决心和力度，也让人们感受到了科技创新给这座城市带来的无限活力和希望。在这些报道的推动下，越来越多的家长开始关注孩子的科创教育，越来越多的学校开始加强科创课程的设置，越来越多的企业开始投身青少年科创人才的培养。这一切，都得益于这些主流媒体对工作站项目的深入报道和广泛宣传。

这些报道就像一股股清泉，滋润着青少年的心田，激发着他们对科创的热爱和追求。它们让青少年明白，科技创新并不是遥不可及的梦想，而是可以触摸到的现实。只要他们有梦想、有热情、有勇气,就能够在科创的道路上勇往直前,创造出属于自己的辉煌。

在未来的日子里,我们期待看到更多这样的报道,为青少年科创事业注入更多的活力和动力。同时,我们也相信,在上海市青少年科学创新实践工作站项目的引领下,上海青少年科创事业将会迎来更加美好的明天!

工作站项目不仅为年轻的科创小达人提供了一个独特的实践平台,更是他们在科学探索与创新道路上不可或缺的助力。项目整合了上海各大顶尖大学和科研机构的资源,为学生提供了前沿的科学知识和研究环境。学生们能够直接接触到行业领袖和知名专家,获得他们的指导和建议,这种与大师面对面交流的机会是极其宝贵的。项目还提供了宝贵的实践机会与经验积累,鼓励学生将理论知识应用于实践,通过专业课程学习、实际动手实验、现场考察研究等环节,让学生亲身体验科研的全过程。这种实践机会不仅帮助学生巩固了所学知识,还让他们积累了宝贵的经验,培养了学生解决问题的能力。在这一过程中,学生的创新能力得以培养。项目鼓励学生独立思考、勇于创新,通过参与科研项目、设计创新方案等方式,激发学生的创新潜能。在这个过程中,学生们学会了如何发现问题、分析问题、解决问题,他们的创新思维和创新能力得到了显著提升。与此同时,学生的团队合作与社交能力也大大提升。项目鼓励学生之间的团队合作,通过共同完成项目、分享研究成果等方式,培养学生的团队合作精神和沟通能力。在这个过程中,学生们学会了如何与他人合作、如何分享自己的成果和观点,这对于他们未来的职业发展具有重要意义。学生们更清晰地认识自己的兴趣和优势,明确自己的职业发展方向。项目还为学生提供了与业界专家交流的机会,让他们了解行业发展趋势和就业市场需求,为他们未来的职业选择提供有力支持。在项目的挑战和机遇中,学生们逐渐建立起对自己的信心,相信自己有能力在科研领域取得成就。同时,他们也意识到作为科研工作者的责任,要为社会的发展贡献自己的力量。

如今,科创小达人们已经成为时代的楷模和榜样。他们的故事激励着更多的年轻人积极参与科创活动,为国家的发展贡献自己的力量。他们用自己的实际行动证明了"星星之火，可以燎原"的道理。我们期待着更多的科创小达人涌现出来，用他们的智慧和才华点燃科技创新的火焰。我们相信，在不久的将来，这些科创小达人将会取得更加辉煌的成就。他们将会成为国家科技创新事业的中坚力量，为国家的科技进步和事业发展贡献自己的智慧和力量。在浩渺的宇宙中，星星之火虽微，却足以燎原。同样，在科技创新的广袤天地里，一批批科创小达人犹如点点星光，虽然初时微弱，但他们的光芒汇聚成河，照亮了前行的道路，引领着科技创新的未来。

让我们共同为这些科创小达人点赞！让我们期待他们在科创的征途上继续飞翔，成为推动国家科技进步的重要力量。让我们以青春的名义，共同追逐建设科技强国的梦想，共同迎接更加美好的未来！在这里，我们不仅要赞美那些已经取得成就的科创小达人，更要鼓励那些还在默默努力的年轻人。他们也是科创事业中不可或缺的一部分。他们的每一个小步，都是向着科技创新的巅峰迈进的重要一步。请相信自己，坚定信念，勇往直前！让我们共同期待那一天的到来——当科创的星星之火汇聚成熊熊烈火之时，我们的国家将会迎来一个更加辉煌的未来！

在科创的征途上，这些年轻的科创小达人正用他们的智慧和热情点亮青春之光，引领着科技创新的未来。我们期待他们在未来的道路上继续砥砺前行，为上海乃至全国的科技创新中心建设贡献力量，为我国加速成为科技强国奠定更加坚实的人才基础。在这个科技创新日新月异的时代，上海市青少年科学创新实践工作站项目将继续为年轻的科创小达人提供广阔的舞台和无尽的支持。我们相信，在这片璀璨的星空中，将会诞生更多闪耀的科创明星，为人类的科技进步贡献他们的智慧和力量。

上海市青少年科学创新实践工作站大事记

上海市青少年科学创新实践工作站的发展历程,宛如一幅波澜壮阔的画卷,生动地描绘了上海市青少年科学创新教育的壮丽篇章。

萌芽初现:梦想的种子播撒

时间回溯到 2016 年,那是一个充满希望的春天。上海市教育委员会与上海市科学技术委员会携手,在这片教育的沃土上播撒下了一颗梦想的种子——上海市青少年科学创新实践工作站正式成立。这一项目的启动,标志着上海市在青少年科学创新教育领域迈出了坚实的一步,通过整合高校、科研院所等多方资源,为具有科学兴趣和创新潜质的高中生搭建一个成长的平台。

苗壮成长:体系的构建与完善

随着项目的深入实施,工作站的体系架构逐渐清晰并不断完善。市级总站、专家委员会、工作站和实践点四级管理体系的建立,如同为这棵幼苗搭建了稳固的支架,确保其能够茁壮成长。在这个过程中,每一个工作站都如同一个充满活力的细胞,它们分布在全市各区,覆盖多个学科领域,为青少年提供了丰富多彩的科研实践机会。

枝繁叶茂:课程的丰富与个性化

我们深知,要让青少年在科学的海洋中畅游,必须有丰富多样的课程作为支撑。因此,工作站根据青少年的兴趣和能力特点,精心设计了基础课程和研究课程两大板块。每一门课程都蕴含着科学的奥秘和创新的火花,引导学生探索未知、挑战自我。同时,工作站还注重课程的个性化发展,鼓励学生根据自己的兴趣和特长选择研究课题,让每一片叶子都能在阳光下展现出独特的绿色。

硕果累累：成就与荣誉的见证

经过数年的辛勤耕耘，工作站终于迎来了丰收的季节。学生们在各类科技竞赛和创新活动中屡获佳绩，不仅展现了自己的才华和实力，更为工作站赢得了广泛的赞誉和认可。更令人振奋的是，《为未来做准备——上海市青少年科学创新实践工作站的改革探索》项目荣获了 2022 年基础教育国家级教学成果一等奖。这是对工作站全体师生辛勤付出的最高肯定。

未来展望：梦想的延续与拓展

展望未来，上海市青少年科学创新实践工作站将继续秉承"为青少年搭建成长平台，培养创新精神和实践能力"的初心和使命，不断探索和创新。随着科技的不断进步和社会的快速发展，工作站将更加注重跨学科融合、国际视野拓展以及个性化教育等方面的实践与研究，努力为更多青少年插上科学的翅膀，让他们在梦想的天空中自由翱翔。

上海市青少年科学创新实践工作站的发展历程是一部充满激情与梦想的史诗。它见证了青少年科学创新教育的蓬勃兴起和繁荣发展，也预示着一个更加辉煌的未来正在向我们走来。

上海市青少年科学创新实践工作站发展历程时间线

2016 年

年初：上海市教育委员会与上海市科学技术委员会携手，开始筹备上海市青少年科学创新实践工作站项目。

4 月：项目在全市范围内正式启动，旨在整合高校、科研院所等多方资源，为青少年科学创新教育搭建平台。

12 月 30 日：在复旦大学枫林校区举行首批 25 个实践工作站的授牌仪式，标志着项目正式落地实施。工作站由高校、科研院所等单位承担，覆盖多个学科领域。

2017 年至 2018 年

持续扩容与深化：工作站项目不断扩展，新增更多高校和科研院所作为工作站，同时加强与现有工作站的合作，提升项目运行效率和质量。

活动与交流：举办多次总结交流会和经验分享会，促进各工作站之间的学习与交流，共同推动青少年科学创新教育的进步。

2019 年

新增工作站与实践点：项目新增华东师范大学地理学、同济大学物理学等实践工作站，以及上海科技馆、上海动物园和上海植物园等实践点，进一步丰富项目资源，扩大受益面。

成果初显：青少年在各类科技竞赛和创新活动中取得显著成绩，工作站项目获得广泛关注和好评。

2020 年至 2021 年

应对疫情挑战：面对全球疫情的影响，工作站灵活调整教学方式，确保科研实践活动不受疫情影响，保障青少年的学习体验和成果产出。

深化合作与探索：加强与国内外高校、科研机构及企业的合作，探索新的教学模式和科研方向，为青少年提供更多元化的科研实践机会。

2022 年

品牌项目构建：挖掘品牌项目育人价值，完善评价机制，推动科普科创教育新格局的形成。工作站项目在全市范围内的影响力进一步扩大。

新增授牌：又有 5 家新授牌上海市青少年科学创新实践工作站，包括华东师范大学地理科学实践工作站、同济大学物理科学与工程实践工作站等，为项目注入新的活力。

2023 年

荣获国家级教学成果奖：上海市科技艺术教育中心报送的《为未来做准备——上海市青少年科学创新实践工作站的改革探索》项目荣获国家级教学成果一等奖。这一奖项是对工作站项目改革与探索成果的高度认可和肯定。

成果丰硕：经过多年的实践，工作站项目培养了一批具有创新精神和实践能力的优秀青少年科技人才,他们在各类科技竞赛和创新活动中屡获佳绩。

2024 年至今

持续优化与创新:工作站继续深化改革与探索,优化科教协同工作机制,完善培养模式,提升运行效率和质量。同时,注重课程的丰富性和个性化发展,以满足青少年的不同需求。

扩大影响力:通过举办各类科普活动和科研成果展示会等方式,进一步提升工作站项目的知名度和社会影响力,吸引更多青少年参与科学创新实践。

这个时间线展示了上海市青少年科学创新实践工作站从启动到发展壮大的全过程,以及在不同阶段所取得的重要成果和里程碑事件。

时间轴:

2015 年

┝----┥ 启动项目预研及试点

2016 年

┝----┥ 项目启动与筹备

┝----┥ 4 月:项目在全市范围内正式启动

┝----┥ 12 月 30 日:首批 25 个工作站授牌仪式在复旦大学枫林校区举行

2017 年至 2018 年

┝----┥ 项目持续扩容与深化

┝----┥ 新增了多个高校和科研院所作为工作站

┝----┥ 举办多次总结交流会和经验分享会

2019 年

┝----┥ 项目进一步扩展

┝----┥ 新增华东师范大学地理学、同济大学物理学等工作站

┝----┥ 上海科技馆、上海动物园和上海植物园等作为试点加入培育初中学生科创工作站

┝----┥ 培养一批对科创有兴趣、有潜质的青少年由兴趣向志趣发展,并在

科技竞赛和创新活动中取得显著成果

2020 年至 2021 年

├----┤ 应对疫情挑战与深化合作

├----┤ 运用数字化平台灵活调整教学方式,确保科创实践活动不受疫情影响,打造 24 小时全时空培养平台

├----┤ 加强与国内外高校、科研机构及企业的交流合作

2022 年

├----┤ 品牌项目构建与新增授牌

├----┤ 挖掘品牌项目育人价值,完善评价机制

├----┤ 新增 5 家青少年科学创新实践工作站授牌

2023 年

├----┤《为未来做准备——上海市青少年科学创新实践工作站的改革探索》项目获国家级教学成果一等奖

├----┤ 培养一批具有创新精神和实践能力的优秀青少年科技人才

2024 年至今

├----┤ 持续优化与创新,扩大影响力

├----┤ 深化改革与探索,优化科教协同工作机制

├----┤ 举办、参与各类科普活动和教学成果交流展示,提升社会影响力和知名度

后　记

正值我准备收笔之时，阳春三月，窗外的白玉兰悄然舒展新芽。那些洁白的花苞裹挟着春日的曦光，仿佛无数亟待破茧的梦想。这让我不禁想起书中记录的每一个少年——他们在实验室里凝神记录数据的侧脸，在答辩台上侃侃而谈时发亮的眼睛，在失败后重新调试设备时倔强的嘴角……这些鲜活的面孔，恰似白玉兰的种子，在科创教育的沃土中积蓄力量，等待着一场与未来的盛大相逢。

光阴流转，上海市青少年科学创新实践工作站早已超越了单纯的教育实验场域。它像一座精密的生态穹顶，将高校实验室的精密仪器、科研院所的学术基因、高新企业的实践智慧，转化为可被青少年触摸的星辰。

感谢王浩副主任关心本书的编撰情况并欣然作序。感谢上海市教育学会尹后庆会长，他的恳切建议提升了本书的视野与高度。感谢李骏修专家、上海教育丛书办公室吴国平老师和周洪飞老师的指导和鼓励。还要感谢编写团队的辛勤付出。

去年底至今，人工智能又掀起了新一轮科技浪潮。回望工作站从"播种"到"抽穗"的历程，我们愈加坚信：真正的科创教育不是追赶技术的竞赛，而是守护每个孩子内心那簇好奇的火苗。就像那白玉兰的种子，无论飘落石缝还是沃土都执着生长，教育者要做的，就是让课程成为可攀援的支架，让评价化作多维度的光谱，让失败拥有被重新定义的尊严。

　　历经多年实际运行，我们也看到该路径在具体实施中还反映出一些问题，需要在后续工作中不断优化。在培养机制上，还需为学生提供更加多元的选择，进一步扩大人才培养的覆盖面和延伸培养的层级，在横向上扩大人才基数，在纵向上贯通连续培养通路，逐步形成由初中、高中、大学到研究生的校内外联合、跨领域联动的科创人才培养体系。在培养模式上，还需进一步丰富课程内涵，发挥好名校大所和名师大家的优势，在前沿的多学科领域开发出更多更优质的理论类、方法类、技术类、专业类及课题研究类课程，推进个性化教学和育人方式的变革；在技术赋能上，还需进一步完善数字交互平台，缩小区域差距，优化线上线下融合、全时空开放的育人生态。此外，数字档案袋在具体实施中受限于数字化平台的使用对象，仅能准确跟踪到学生高中毕业进入高校后的专业学习情况，后续需要加强对学生就业领域的跟踪记录，进而更好地为优化拔尖人才培养提供支撑。

　　窗外的白玉兰已绽开。而在我们看不见的地方，更多种子正在裂开坚壳。期待有一天，当书中的少年成长为量子计算机工程师、生物医药研究员或我们尚未知晓的新职业开拓者时，他们的记忆深处仍留存着在某个工作站通宵调试程序的寒夜——那时的上海正下着细雨，而他们的眼睛比城市的灯火更明亮。这或许就是教育的终极浪漫：我们今日埋下的种子，终将在未来的某个春天，以意想不到的方式改变整个世界的轮廓。

　　谨以白玉兰的芬芳，致敬所有正在破土的生命。

　　由于时间紧迫、精力有限、资料分散，书中难免有错漏，恳请读者批评指正。

陆晔

2025 年 3 月于上海市科技艺术教育中心

图书在版编目（CIP）数据

白玉兰的种子：上海市青少年科技创新人才培养 / 陆晔编著. — 上海：上海教育出版社，2025.3.
（上海教育丛书）. — ISBN 978-7-5720-3232-5

Ⅰ. G305

中国国家版本馆CIP数据核字第20251D7T79号

责任编辑　荼文琼　周琛溢
封面设计　蒋　妤

上海教育丛书

白玉兰的种子——上海市青少年科技创新人才培养
陆　晔　编著

出版发行　上海教育出版社有限公司
官　　网　www.seph.com.cn
地　　址　上海市闵行区号景路159弄C座
邮　　编　201101
印　　刷　上海展强印刷有限公司
开　　本　700×1000　1/16　印张16.5　插页3
字　　数　236千字
版　　次　2025年5月第1版
印　　次　2025年5月第1次印刷
书　　号　ISBN 978-7-5720-3232-5/G·2872
定　　价　47.80元

如发现质量问题，读者可向本社调换　电话：021-64373213